KB266144

브루잉 커피와 카페 투어 2

차민영 지음

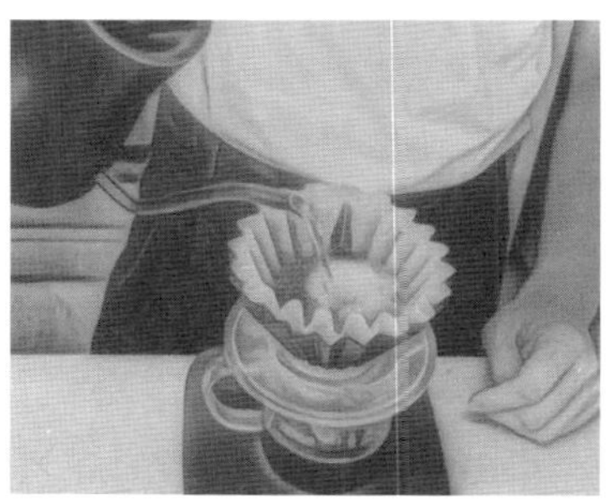

하움

두번째 책을 내면서

방문했던 카페들과 그곳에서 마셨던 다양한 브루잉 커피에 관한 소감을 블로그에 기록했고,
그것들을 모아 첫 번째 책을 2023년도에 냈으니 햇수로 3년째가 된다. 그 이후로도
주기적으로 관심 있는 카페에 들러서 브루잉 커피와 그곳의 시그니처라고 할 수 있는 커피
메뉴 혹은 디저트를 먹은 후의 느낌이나 생각들을 블로그나 인스타그램에 계속 게재해왔고,
이들이 모여서 두 번째 책을 내게 되었다.
초기에 카페 투어를 할 때에는 커피에 대해 알아가고 배워가는 와중에 카페를 들렸기에 잘
보고 마시고 써야겠다는 의무감에 방문한 그곳을 오로지 느끼지 못하고 가기전부터 긴장이 될
때가 종종 있었고 '즐긴다'는 맞지 않던 때였던 것 같다.
조심스럽게 한곳 한곳 갔다 온 곳에 대해 책을 내고 한 챕터를 마무리 하니 그 후로도
계속되는 카페 투어에서는 어느 시점 부터 조금의 여유가 생기기 시작했고 가기전 부터 어떤
공간에서 어떤 커피를 만나게 될까 하는 호기심과 기대감에 '즐긴다'가 조금씩 들어오기
시작했다.
이전 책에서도 밝혔지만, 투어를 선정함에 있어서 몇 가지 전제 조건을 가지고 있는데, 브루잉
커피를 하는 곳, 커피 맛에 대한 평가가 좋은 곳, 카페쇼 같은 전시회, 콜럼버스 맛집 가이드에
선정된 곳을 우선적으로 리스트에 올렸고, SNS상에 맛집으로 알려진 곳도 추가하였다. 이미
검증된 카페에서 맛있는 커피를 마시고 싶었고, 또한 좋은 카페를 찾는 분들에게 소개하고
싶은 이유에서였다.
10년 넘게 다양한 카페를 방문하다 보니 처음 들른 곳임에도 문을 열고 그 안으로 들어서서
잠시 머물면 외형적인 공간과 함께 손님을 맞이하는 사장님이나 직원들의 모습 속에서
그곳에서 이루어지고 있는 여러 이야기들이 들려왔다. 직원분의 따뜻한 환대에 긴장감이
없어지고 편안해졌고, 응대할 때는 말이 없어 보였지만 브루잉 커피를 추출할 때 집중하는
모습에서 커피에 대한 진심이 느껴졌고, 그들이 있는 공간이 소박할 때는 미래의 꿈을 키우고
있는 모습이, 첫눈에도 인테리어가 깔끔하고 고급스러운 곳에선 그들의 야망이, 세월의 흔적이
많이 묻어나는 공간에선 그 시간들을 견뎌낸 그들의 인내심이 느껴지기도 했다. 그리고 그
안에 채워진 커피 관련 장비들이나 메뉴판의 메뉴 구성 속에서 그곳 주인의 개성이 고스란히
전달되었다.
그럼에도 그중에서 제일 중요한 것은 커피 맛일 거다. 에스프레소 머신이나 그 이외의
도구들로 추출하는 커피들의 맛도 좋으나, 특히 '브루잉 커피'를 좋아하는 것은 특별한
레시피를 가지고 일정 시간 내에 정성을 들여 추출하기에 고유의 맛과 향이 온전히 커피잔에
다 들어가 있고, 한 모금씩 들이킬 때마다 그 맛이 온전히 전달되어 마시는 내내 즐거움을
주기 때문이다. 계속되는 카페 투어 속에서 우리 카페들의 커피를 맛있게 만드는 실력이
하루가 다르게 발전하고 있음을 느끼게 된다. 또 다른 책을 낼 즈음에는 우리만의 커피가 되어
있기를 기대해 본다.

2026년 3월에

1

브루잉 커피를 만드는 데 있어 맛과 향에 영향을 미치는 여러 중요한 요소들이 있고, 그중 하나가 드리퍼일 것이다. 최근 카페 투어를 하면서 이전보다 다양한 드리퍼들을 사용하는 모습들을 볼 수 있었으나, 이 책에 실린 92곳의 카페 중 36곳이 하리오 V60 드리퍼를 사용하여 다수를 차지하고 있음을 드러냈다.

책에 실린 카페에서 사용하고 있는 드리퍼들과 머신들은 다음과 같다:
1.고노 2.디셈버 3.브뤼스타 타겟 넥스트 4.사이폰 5 오레아 6.오리가미 7.융 8.퍼즐 9.칼리타
10.칼리타 웨이브 11.케멕스 12.킨토 슬로우 13.하리오 V60 14.하리오 알파 15.하리오 메탈,
하리오 V60 동 16.하리오 스위치 침출식 17.하리오 페가수스 18.UFO 19.마노 브루잉 머신
20.엑스불룸 스튜디오 21.푸어스테디 22.마르코 SP9

- 순 서 -

서울

강남구
1. 르와조 역삼 _논현로 _7
2. 마일스톤 커피 _논현로 _9
3. 커피휘엘 _논현로 _11
4. 커피엠스테이블 청담본점 _도산대로 _13
5. 스탠다드시스템 _선릉로 _15
6. 파퓰러커피로스터스 _학동로 _17

강동구
7. 애크로매틱 커피 _성내로14길 _19

강서구
8. 아로마로스터리 _마곡중앙로 _21

관악구
9. 고로커피로스터스 _남부순환로 _23

구로구
10. 오오디커피랩 _고척로 _25

노원구
11. 라트커피 _한글비석로 _27
12. 카페마비노스 _한글비석로 _29

동대문구
13. 컴투레스트 _회기로 _31

동작구
14. AUTHENTICA _노량진로 _33

마포구
15. 도덕과규범 _독막로 _35
16. 도래노트 _방울내로 _37
17. 도화아파트먼트 마포 _도화길 _39

18. 라운지 클라리멘토 _잔다리로 _41
19. 레드플랜트 합정본점 _양화로 _43
20. 루틸 _포은로 _45
21. 샌드스톤커피랩 _성미산로 _47
22. 아이덴티티커피랩 _동교로 _49
23. 존스몰로스터리 _토정로 _51
24. 콤파일 _ 잔다리로 _53
25. 트레머 커피웍스 _와우산로 _55
26. 틸로스터스 _신촌로 _57
27. 파스텔커피웍스 본점 _성지길 _59
28. 포트레이트커피바 _포은로 _61
29. 피피커피 _동교로 _63

서대문구
30. 쓰리어클락 연희 _연희로 _65
31. 프로토콜 연희점 _연희로 _67

서초구
32. 도피오 로스터리 _사평대로 _69
33. 루베르로스터리 _방배중앙로 _71
34. 스티머스 팩토리샵 _서초대로 _73
35. 카페모호 _양재천로 _75
36. 프리퍼 _반포대로 _77

성동구
37. 예셰숄 성수 _성수일로 _79
38. 어페어커피 _성수이로 _81
39. 업사이드커피 _연무장길 _83

성북구
40. 언더워터 커피 로스터스 _고려대로 _85
41. 커피브론즈 로스터스 _삼양로 _87

송파구
42. 히치커피 _새말로 _89

양천구
43. 로커피 _남부순환로 _91

영등포구

44. 보사노바 커피로스터스 문래점 _영등포로길 _93
45. 필그림커피 _영신로 _95
46. 미켈레커피 여의도점 _의사당대로 _97

용산구

47. 크레이트커피 _독서당로 _99
48. 스탠딩커피 서빙고점 _서빙고로 _101
49. 오츠커피 용산점 _원효로 _103
50. 키하라 _임정로 _105
51. 코르츠 _백범로 _107
52. 올딧세 _한강대로 _109
53. 텅앤빈 청파 _청파로 _111
54. 트래버틴 용산 _한강대로 _113

종로구

55. 카페게더 광화문 _새문안로 _115
56. 커피가게 동경 독립문 _통일로 _117
57. 팀트 _경희궁길 _119
58. 톤티커피_북촌로 _121

중구

59. 세컨핸드 브루어스 _다산로 _123
60. 어펜드커피로스터스 _명동길 _125
61. 맥컬리커피 _충무로 _127
62. 헤베커피 _필동로 _129

인천

63. 콤파스 커피 쇼룸 _미래로 _131
64. 삼거리다방 _인하로 _133
65. 푸로커피하우스 _대정로 _135
66. 린치핀 _송도과학로 _137
67. 커피화 로스터스 본점 _송도과학로 _139
68. 뻘다방 _선재로 _141

경기

69. 커네스브루잉스팟 _고양시 용현로 _143

70. 킹콩드립 로스터리 _과천시 별양상가로 _145

71. 스너그로스터리 _광명시 시청로 _147

72. 58mm커피로스터스 _남양주시 두물로 _149

73. 커맨드 로스터스 _분당구 분당로 _151

74. 김성민커피 본관 _수원시 영통구 권선로 _153

75. 어라운드커피 _수원시 영통구 권선로 _155

76. 노스모크위드아웃파이어 교동점 _수원시 팔달구 매산로 _157

77. 카페 도안 _수원시 팔달구 효원로 _159

78. 킵댓 로스터리 _수원시 팔달구 화서문로 _161

79. 해월커피 은계점 _시흥시 은계로 _163

80. 시에나커피로스터스 _안양시 만안로 _165

81. 엑시트커피 _용인시 문인로 _167

82. 손탁커피 _파주시 누현길 _169

83. 후드로스터스 _평택시 만세로 _171

84. 브릭샌드 본점 _화성시 동탄산척로 _173

강원

85. 커피라디오 본점 _원주시 치악고교길 _175

86. 오롯이커피 _춘천시 안마산로 _177

87. 몰리프 로스터리 카페 _홍천군 소옥개로 _179

부산

88. 히떼 로스터리 _부산진구 동성로 _181

89. 모모스로스터리&커피바 _영도구 봉래나루르 _183

전남

90. 구루커피 로스터스 본점 _광양시 희양현로 _185

충남

91. 프리퍼팩토리 _천안시 종합휴양지로 _187

92. 아비시니아커피 _천안시 서부대로 _189

1 르와조 역삼

서울 강남구 논현로95길 10 1층
https://www.instagram.com/leoiseau_

역삼역 6번 출구에서 나와 6분쯤 가다 보면 한 골목의 건물에서 외부가 통유리로 되어 있고 새 그림이 그려져 있는 '르와조 (L'OISEAU)'를 만날 수 있다. 유리 창을 통해 드러난 실내 모습을 보면서 들어가니 화이트와 블랙 컬러를 메인으로 한 개방된 느낌의 공간을 볼 수 있었다. 실내 한가운데에 블랙으로 단장된 메뉴를 제조하고 주문을 받을 수 있는 커피 바가 주인공처럼 놓여 있고 그 주변으로 블랙 테이블과 의자들이 놓여 있는 구조로 모던함과 오피스 타운에 있을 법한 카페 느낌이 공존하고 있었다. 바 위에 놓여있는 마스터 오브 카페 대회 수상 상패들은 이곳의 커피에 관한 실력을 말해주고 있는 듯했다.

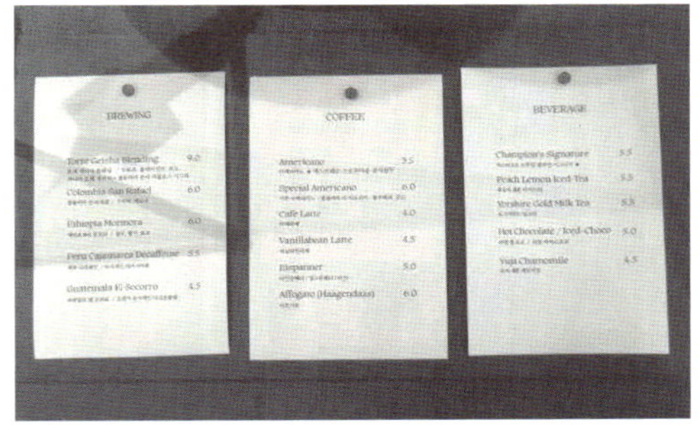

메뉴는 크게 커피, 브루잉, 베버리지로 구성되어 있으며, 베버리지 메뉴 안에는 마스터 오브 브루잉 챔피언의 메뉴인 '챔피언스 시그니처'가 준비되어 있다. 아메리카노와 에스프레소에는 '스로우다운' 공식 원두, 스페셜 아메리카노에는 '콜롬비아 라 빅토리아' 원두가 사용하고 있다. 브루잉 커피에 준비된 원두는 다음과 같다:
또레 게이샤 블렌딩, 콜롬비아 산 라파엘, 에티오피아 모모라, 페루 디카페인, 과테말라 엘 소코로. 크루아상, 쿠키, 스콘이 디저트로 준비되어 있다.

.브루잉 커피 레시피
하리오 메탈 드리퍼를 사용하여 원두 20g에 1:14 비율로 물 280g을 4~5회에 걸쳐 푸어링하여 커피 추출을 완성한다. 총 추출 시간은 2분 20초에서 2분 50초로 한다. 원두의 양을 조금 많이 쓰는 이유는 커피 맛이 직관적으로 느껴지기를 원하기 때문이라고 했다.

.브루잉 커피 (에티오피아 모모라)
달콤한 히비스커스와 복숭아 티의 조화로운 향이 먼저 느껴졌고 이후 은은하게 올라오는 커피의 풍미가 다채로운 맛을 전달했다.

.챔피언스 시그니처
복숭아 티가 첨가된 히비스커스 퓌레와 디카페인 콜드브루가 섬세하게 블렌딩된 음료이다.
2022년 마스터 오브 브루잉 챔피언 르와조의 장재형 바리스타가 시그니처 음료 부문에서 만든 메뉴이다.

2 마일스톤 커피

서울 강남구 논현로159길 49
http://www.instagram.com/milestone_coffee

신사역 8번 출구에서 나와 메인 가로수길 옆으로 들어서 12분 정도 걷다 만난 한 골목에서
'마일스톤 커피'를 볼 수 있었다. 아직 3월의 찬 바람이 매서운데 야외 좌석에도 손님들이 제법
앉아 있는 모습으로 이곳이 핫플레이스라는 것을 바로 알 수 있었다. 실내로 들어서니 노출된
천장에 달린 실링 팬은 천천히 돌아가고 있었고, 곳곳에 배치된 등에서 나오는 노란 불빛들,
스피커에서 흘러나오는 둔탁한 음의 팝송 등 이 어우러져 빈티지하면서도 편한 분위기를
민들었다. 실내를 가득 메운 손님들의 열기가 이곳을 더 힙하게 만들고 있는 듯했다..
2014년에 이곳에서 처음 문을 열어 올해 12주년을 맞이하게 되었다고 한다.

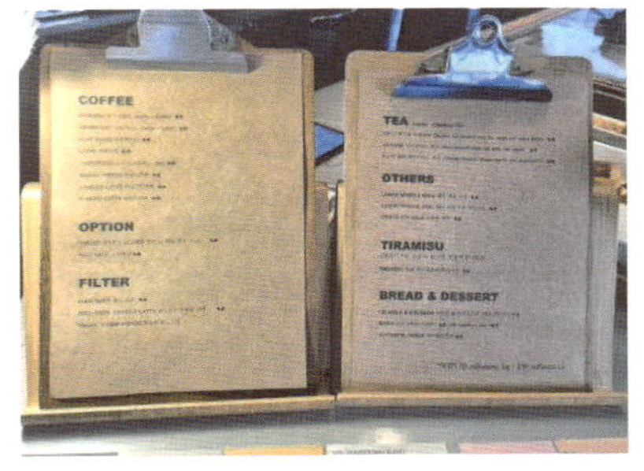 

메뉴는 크게 커피, 티, 아더스로 구성되어 있고, 커디 메뉴 주문 시에는 디카페인과 오트 밀크로 변경 가능하다. 이곳은 호주식 커피를 접목하고 있다는 바리스타의 설명이 있었다. 필터 커피에는 콜드 브루, 콜드 브루 바닐라 라테, 오늘의 핸드드립이 있고, 핸드드립에는 다음과 같은 원두들이 준비되어 있다:
HANABI BLEND, AKI BLEND, DECAF, 10TH ANNIVERSARY BLEND, COLOMBIA Finca La Esmeralda Anaerobic Honey, Peru El Azafran Washed
주문과 동시에 만들어지는 티라미수와 함께 크럼블 & 아이스크림, 스콘, 버터파이쿠키가 브레드 & 디저트로 준비되어 있다.

.핸드드립 레시피
하리오 V60 메탈 드리퍼를 사용하여 원두 16g에 물 240g을 푸어링하여 커피를 추출했다.

.핸드드립 (10TH ANNIVERSARY BLEND)
재스민 향과 함께 톡 쏘는 탄산소다, 쌉싸름한 자몽으 산미가 섞인 듯한 플레이버로 청량감을 느낄 즈음 과일의 질감이 더해져 커피에 무게감을 주었다.

.플랫화이트
유지방이 풍부한 우유와 에스프레소가 어우러져 고소하고 부드러웠고 편하게 마실 수 있는 맛이었다.

3 커피휘엘

신사역 1번 출구에서 나와 5분 정도 걷다 경사진 골목으로 들어서니 휘날리는 깃발과 함께 검은 바탕에 'COFFEEFIEL'이 보여 '커피휘엘'임을 바로 알 수 있었다. 블랙의 느낌 실내는 노출된 시멘트 천장을 배경으로 블랙톤의 진열장, 대리석 바, 주변을 비추는 은은한 조명이 함께 어우러져 매니시하면서도 세련된 공간으로 다가왔다. 공간 끝에 난 통로를 통해 이동하면 음료와 디저트를 먹을 수 있는 갤러리 같은 고급스러운 공간이 있고, 입구 옆에는 기센, 스트롱홀드 등의 로스터기가 설치되어 있는 로스팅 룸이 위치해 있다.

이곳은 오랜 커피 연구와 개발에 매진하며 쌓아온 경험과 노하우를 반영해 선보이는 스페셜티 커피 전문점으로, 매 시즌 다양한 산지별로 맛볼 수 있는 스페셜티 커피와 함께 매장에서 직접 만든 디저트들을 제공하는 로스터리 카페로 10년 연속 '블루리본서베이' 서울 맛집에 선정될 정도로 최상의 퀄리티와 맛, 그리고 서비스를 제공하고 있다고 한다.

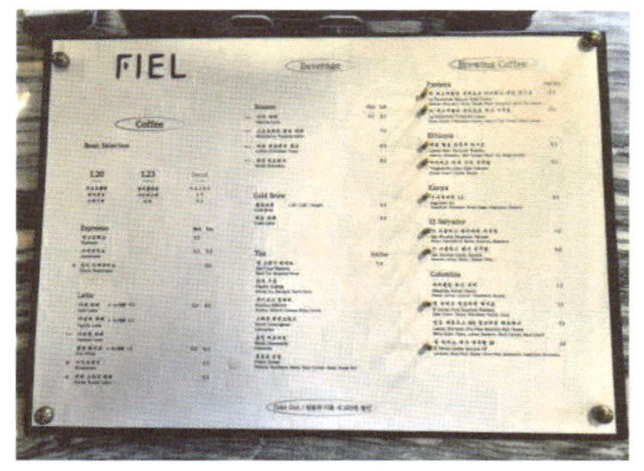

메뉴는 크게 커피, 베버리지, 브루잉 커피로 구성도어 있다. 커피 메뉴는 블렌드 L20, L23, Decaf 중에서 원두 선택이 가능했다.
브루잉 커피에는 다음과 같은 원두들이 준비되어 있다:
파나마 라 에스메랄다 부에노스 아이레스 게이샤 익시드, 파나마 라 에스메랄다 펀다도르 게이샤 내추럴, 에티오피아 게뎁 하투메 워시드, 에티오피아 예가체프 하루 수케 내추럴, 케냐 은구루에리 AA, 엘살바도르 산 니콜라스 파카마라 내추럴, 엘살바도르 산 니콜라스 게이샤 내추럴, 콜롬비아 엘디비소 핑크 버번 워시드, 콜롬비아 엘 디비소 게이샤 내추럴
직접 베이킹한 우지말차 팥 케이크, 밤 티라미수, 티라미수, 다크 쇼콜라, 시나몬 롤, 초코 슈, 황치즈 쿠키, 살구 롤 케이크, 레몬 위켄드, 보늬밤 몽블랑, 카야 버터 스콘이 디저트로 준비되어 있다.

.브루잉 커피 레시피
하리오 V60 드리퍼를 사용하여 원두 20g에 물 300g (1:15)을 수차례에 걸쳐 푸어링하여 커피를 추출했다.

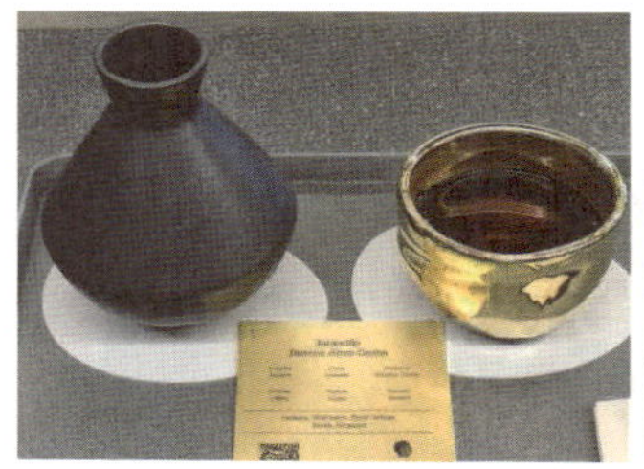

.브루잉 커피 (파나마 라 에스메랄다 부에노스 아이레스 게이샤 워시드)
은은하면서도 깊이가 있는 재스민 향이 사탕수수의 자연스러운 단맛과 어우러질 즈음, 자몽의 쌉쌀한 신맛과 녹차의 기분 좋은 풋내가 뒤를 이었다. 맑은 듯하면서도 꽉 찬 느낌의 커피로 스페셜티임을 여실히 드러냈다.

.초코 슈
크런치한 슈 안에 초코 크림이 가득 들어 있어 부드러움과 단짠이 공존하는 귀여운디저트였다.

4 커피엠스테이블 청담본점

서울 강남구 도산대로94길 20
http://www.instagram.com/coffeemstable/

청담역 13번 출구에서 나와 15분 정도 대로변을 지나 작은 빌딩들이 늘어선 한 골목으로
들어서면 그중 한 곳 2층에 큰 글씨로 'ROASTERS COFFEE M STABLE'
(커피엠스테이블)이라고 쓰여 있는 것을 볼 수 있었다. 노출된 시멘트 바닥과 천장을 배경으로
블랙과 다크 브라운 원목 가구들로 꾸며진 실내와 그 속에서 녹아 흐르는 여유로운 음악의
조화는 빈티지하다기보다는 세월의 흐름을 견뎌낸 관견뎌낸그대로 붙은 모습이었다. 문을 열면
바로 보이는 긴 커피 바와 그 뒤편에 설치된 로스터기의 모습은 이곳의 커피 전문성을
드러내고 있는 듯했다.
청담동 골목 작은 공간에서 도심 속 작은 커피 공장이라는 콘셉트로 스페셜티 커피를 시작한 지
10년이 된 카페로, 청담본점, 로스팅 팩토리, 발왕산, 모나 용평 지점을 운영하고 있다고 한다.

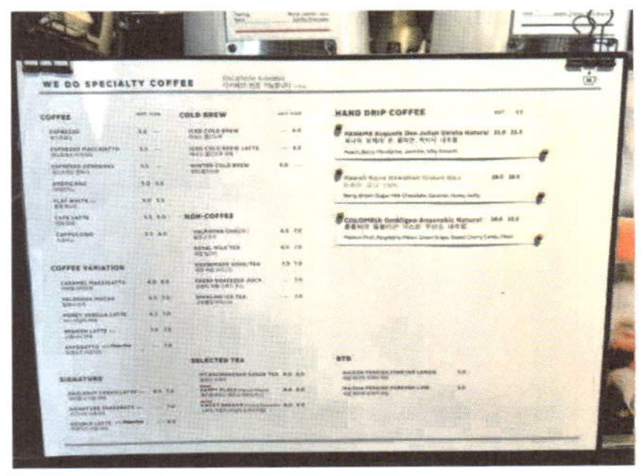

메뉴는 크게 커피, 커피 베리에이션, 시그니처, 콜드브루, 논커피, 셀렉티드 티, 핸드드립 커피로
구성되어 있다. 에스프레소 파트는 블렌드인 M1, M2 중에서 선택할 수 있고, 핸드드립
파트에는 다음과 같은 3종의 원두 중에서 선택할 수 있다:
파나마 보케테 돈
훌리안 게이샤 내추럴, 하와이 코나 100%, 콜롬비아 옴블리곤 이스트 무산소 내추럴
디저트로 코코아 꿀 케이크, 살구 꿀 케이크, 팝오버 브레드와 햄&치즈 샌드위치가 준비되어
있다.

.핸드드립 커피 레시피
하리오 V60 드리퍼를 사용하여 원두 20g에 물 300g을 초반에는 느리게, 후반부로 갈수록
빠르게 푸어링하는 방법으로 커피를 추출했고 약간의 가수를 했다.
날씨, 온도 등에 따라 레시피가 조금씩 바뀐다고 한다.

.핸드 드립 커피 (콜롬비아 옴블리곤 이스트 무산소 내추럴)
피치와 다크 초콜릿이 섞인 강렬함이 첫 느낌으로 다가왔고, 몽글한 살구의 산미와 황설탕을
졸인 듯한 진한 단맛이 뒤를 이어갔다.

.플랫 화이트
다크 초콜릿의 진함과 우유의 진한 고소함이 어우러진 맛에 얼씨함이 더해져 강렬한 맛을
냈고, 고소함으로 마무리했다.

5 스탠다드시스템

서울 강남구 선릉로148길 48-5
http://instagram.com/standardsystem.coffee

강남구청역 4번 출구에서 나와 12분 정도 골목골목을 지나가다 보면 한 건물의 반지하에 자리한 '스탠다드시스템'을 볼 수 있었다. 아직 한여름의 더위가 가시지 않아 반쯤 열린 문으로 들어가니, 검은 바닥과 밝은 원목 벽을 배경으로 같은 톤의 의자, 메탈 재질의 라운드 바 등이 질서 정연하게 놓여 있었고 곳곳에 배치된 천장의 둥근 등에서 나오는 노란 불빛 영향으로 침착하면서도 안정된 이곳만의 독특한 분위기를 만들었다. 입구 옆에 있는 메탈 재질의 큰 라운드 바에 커피 관련 장비들, 원두 샘플, 디저트 샘플, 주문대 등이 놓여 있었고 메뉴 관련 모든 활동들이 이곳에서 이루어지고 있는 모습이 눈길을 끌었다.
일산 공장에서는 20년 이상의 베테랑 마스터가 로스팅에 집중하고 있고, 청담동 매장에서는 다양한 변수를 체계적으로 통제하여 하이 퀄리티의 탁월한 커피 한 잔을 내놓는다고 한다.

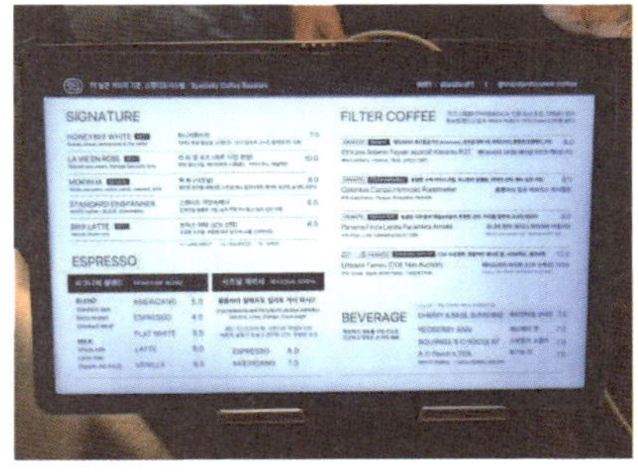
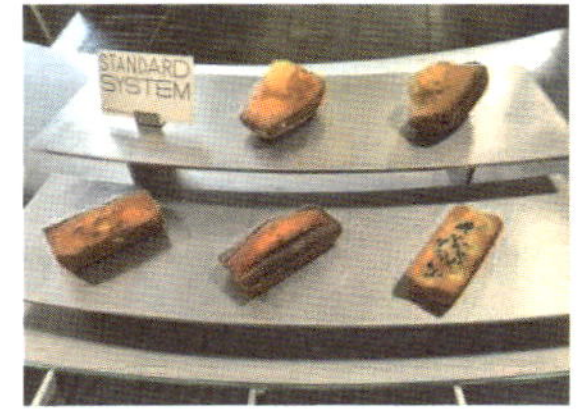

메뉴는 크게 시그니처, 에스프레소, 필터 커피, 베버리지로 구성되어 있다. 시그니처 메뉴는
에스프레소를0즈널 게이샤인 콜롬비아 질베르토 츨리토 게이샤 워시드 원두 중에서 선택할 수
있다.
필터 커피에는 4종의 싱글 오리진 원두가 준비되어 있다:
에티오피아 시다모 페이셜 아도쉬 케라모 PG1, 콜롬비아 캄포 에르모소 워터멜론, 파나마 핀카
레리다 파카마라 아멜리아, 에티오피아 타미루 (논 옥션) 74158
마들렌과 휘낭시에가 디저트로 준비되어 있고 아메리카노와 잠봉뵈르가 세트메뉴로 준비되어 있다.

.필터 커피 레시피 (핫)
하리오 메탈 드리퍼를 사용하여 원두 20g에 1:14 ㅂ율로 물 280g을 네 차례에 걸쳐
푸어링하여 커피를 추출했다.
원두마다 레시피를 조금씩 다르게 적용하고 있으며 브리타 정수기 나트륨 이온 교환 필터를
사용하여 맛을 부드럽게 표현하고자 한다고 한다.

.필터 커피 (에티오피아 시다모 페이셜 아도쉬 케라모 PG1)
재스민 향이 히비스커스의 쌉쌀함과 함께 부드럽게 올라왔고, 달인 황설탕의 진한 단맛과
레몬의 한숨 죽은 산미가 둥글둥글하게 맛을 더하며 뒤를 이었다.
마치 향이 있는 에티오피아 커피를 한약 탕기에 끓인 듯한 맛이었다.

.허니비 화이트
벌집이 있는 꿀을 한입 베어 물고 커피를 한 모금 마시라는 바리스타의 권유가 있었다.
향긋한 꿀 한 입 다음에 쓰고 단 커피가 입안으로 들어왔고 계속 먹을수록 꿀과 커피우유가
순서대로 들어와 좋은 하모니를 이루었다.

6 파퓰러커피로스터스

서울 강남구 학동로21길 6 파퓰러커피
http://www.instagram.com/popularcoffee

학동역 6번 출구에서 나와 5분 정도 걷다 보면 한 골목의 붉은 벽돌 단독주택을 볼 수 있는데,
그곳이 '파퓰러커피로스터스'였다. 높은 빌딩들이 줄지어 있는 이 지역에서 이런 소담한 모습을
보니 이상한 안도감과 정겨움으로 다가왔다. 문을 열었을 때 탁 트인 환한 공간의 이미지는
노출된 천장과 원목으로 된 바닥을 배경으로 블랙과 메탈 가구들을 창가를 따라 적절히
배치하여 따뜻함과 차가움이 공존하는 세련된 공간으로 연결되었고, 스피커에서 흘러나오는
제법 큰 음량의 경음악은 이곳의 분위기를 완성했다.
콜럼버스가 선정한 커피 맛집인 이곳은 최근에 리모델링한 깨끗한 공간에서 커피를 팔고
있어서 커피 힐링 공간으로 적합한 장소였다.

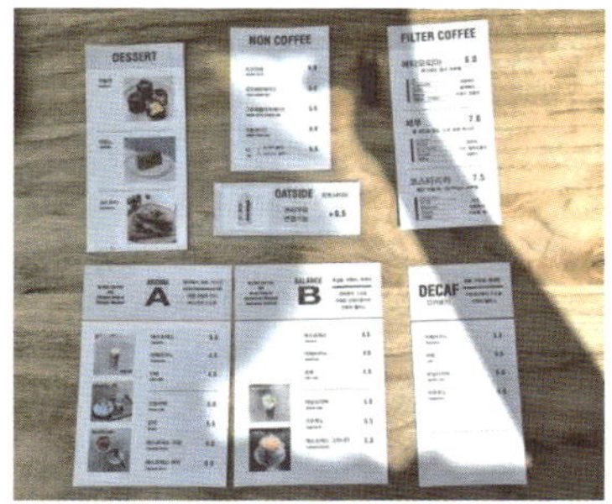

메뉴는 아로마 A, 밸런스 B, 디카페인에 각각 속해 있는 메뉴가 따로 분리되어있고, 그 외 필터 커피, 논커피, 디저트로 구성되어 있다. 이는 메뉴마다 다르게 추출된 에스프레소로 깊은 맛의 차이를 보여주고자 함이라고 한다. 처음 방문하는 분들에게는 커피 본연의 맛을 잘 느낄 수 있는 아메리카노, 라떼, 필터 커피를 추천하고 있다.

필터 커피에는 세 종류의 싱글 오리진을 준비해 놓고 있다:

에티오피아 예가체프 첼바 내추럴, 페루 엘 세드로 문도 노보 파체 워시드, 코스타리카 볼칸 아술 SL-28 무산소 내추럴

커피와 페어링할 수 있는 까눌레, 테린느, 샌드위치 이렇게 세 가지 디저트를 판매하고 있다.

.필터 커피 레시피 (핫)

하리오 V60 드리퍼를 사용하여 원두 16g에 물 320g을 30초 간격으로 푸어링한 다음, 20g을 더 부어 커피를 완성했다.

.필터 커피 (코스타리카 볼칸 아술 SL-28 무산소 내추럴)

첫 모금에 캔디의 향긋하면서도 달콤한 향이 올라왔고 이어서 베리류의 상큼함과 카카오 닙스의 떫은 듯한 쌉쌀함이 뒤를 이어 맛의 조화를 이루며 캐러멜 단맛이 긴 여운을 남겼다.

.에스프레소 베리

달콤한 아이스크림 위에 놓인 말린 과일 조각이 바삭하게 씹히면서 향긋한 향을 펼쳤고, 이어 산미가 있는 에스프레소를 머금은 부드러운 아이스크림이 연속으로 따라와 기분 좋은 아포가토가 되었다.

- 에티오피아 내추럴과 에티오피아 워시드가 블렌딩된 아로마 A에 속한 메뉴이다.

7 애크로매틱 커피

서울 강동구 성내로14길 37 1층 애크로메틱 커피
https://www.instagram.com/achromatic.coffee_olympicpark/

8호선 강동구청역 2번 출구에서 나와 15분쯤 가다 보면 나오는 한 주택단지의 작은
도로변에서 '애크로매틱 커피'를 만날 수 있다. 오픈된 창가에 편하게 앉아 담소를 나누는
손님들의 모습에 벌써부터 편안한 기분이 들었고, 실내 중심부를 차지한 기다란 커피 바 안에
여러 바리스타들이 들이 분주하게 움직이고 있어서 이곳이 커피 전문점임을 알리고 있는
듯했다. 짙은 회색의 타일 바닥과 회색의 벽, 천장을 배경으로 우드나 블랙톤의 목재 가구들이
배치되어 있는 무게감 속에 로컬 카페의 편안함이 공존하는 모습이 특이하게 다가왔다.
이곳은 2012년 카페 프롬나드를 시작으로 2017년 강동구 성내동에 '애크로매틱 커피'로 자리
잡았고, 로스팅실과 리테일 숍을 함께 운영하며 기술적으로 완성도 높은 커피를 제공하기 위해
노력하고 있다고 하며 2023년에는 어린이대공원점을 통해 더욱 다양하고 많은 고객들을 만나
커피를 소개하고 있다고 한다.

19

메뉴는 에스프레소, 아메리카노, 카페라테, 콜드브루, 티리온, 크림 카페라테, 핸드드립, 논 커피 라테, 베버리지, 플레이버 티, 디저트로 구성되어 있다.
에스프레소, 아메리카노에는 다음과 같은 원두들이 준비되어 있다:
싱글 오리진 콜롬비아 엘파라이소 리치, 블렌드인 거느 푸른 저녁과 비 숲, 디카페인 타이거 릴리
핸드드립 커피에는 2종의 원두가 준비되어 있다:
약배전 케냐 키아무구모 AA, 강배전 콜롬비아 나리뇨 부에사코
디저트로는 바스크 치즈케이크, 크랜베리 아몬드 스콘, 밀크 푸딩, 얼그레이 푸딩, 석류 푸딩 등이 준비되어 있다.

.핸드드립 레시피
하리오 스위치 드리퍼를 사용하여 원두 18g에 물 260g을 푸어링하여 뜸 들이기 30초, 침지 1분 30초 후에 커피를 추출했다.

.핸드드립 커피 (케냐 키아무구모 AA)
첫 모금에 블랙 티의 쌉쌀함, 신선한 사탕수수의 단맛, 살구의 상큼한 산미가 한 번에 섞여 가볍게 입안에 맴돌았고 마치 차를 마시는 것 같은 느낌이었다.
이곳은 라이트, 다크 로스팅 둘 다 마시기 편한 차 같은 커피를 추구한다고 한다.

.푸딩 (얼그레이)
달콤한 캐러멜 시럽과 함께한 얼그레이 푸딩은 탱글한 식감에 담백함을 가지고 있었다.

8 아로마로스터리

서울 강서구 마곡중앙8로5길 63 1층 아로마 로스터리
https://www.instagram.com/aroma_roastery

양촌향교역 7번 출구에서 나와 9분 정도 걷다 보면 대규모 오피스 빌딩들이 즐비한 지역이
나오고 그 한쪽 거리에 '아로마 로스터리'가 위치해 있다. 카페 안으로 들어서니 은은한 조명을
받고 있는 직사각형의 아담한 공간이 한눈에 들어왔다. 블랙 벽을 배경으로 공간의 많은
부분을 차지하는 짙은 브라운 바의 은은한 조화로움을 이루었고 스피커에서 흘러나오는
청량한 재즈 음악 소리가 더해지니 마치 캐주얼한 칵테일 바에 들어온 듯한 느낌이었다.
오피스 빌딩들이 주를 이루는 마곡 지역에 위치한 '아로마 로스터리'는 직접 로스팅한 신선한
원두로 만든 커피를 합리적인 가격에 제공하는 로스터리 카페다. 다양한 싱글 오리진 스페셜티
커피를 배치 브루(Batch Brew) 방식으로 합리적인 가격에 제공한다는 특징을 가지고 있다.
스페셜티와 필터 커피를 많은 사람에게 가성비 좋은 가격으로 신속하게 제공하겠다는 이준혁
대표의 운영 철학이 집약된 선택이며, 이를 계속 이어가고자 한다고 한다.

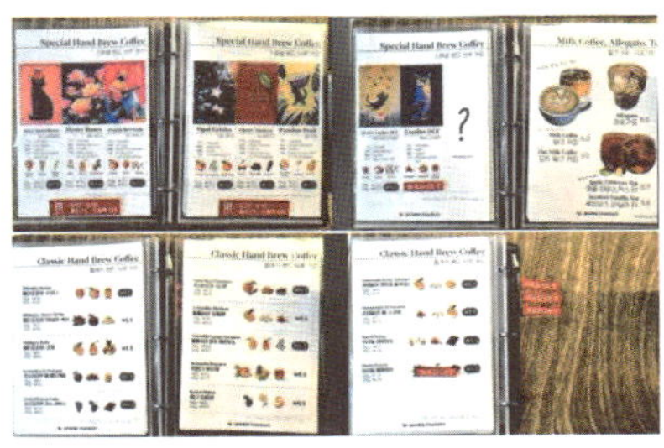

메뉴는 크게 스페셜 핸드 브루, 밀크 커피, 아포가토, 티, 클래식 핸드 브루, 배치 브루로
구성되어 있다.
핸드 브루에는 다음과 같은 원두들이 준비되어 있다.
스페셜 핸드 브루:
콜롬비아 오팔 게이샤, 콜롬비아 체리 매드니스, 클롬비아 패션 프루트, 콜롬비아 허니리치
디카페인, 엑셀소 디카페인
클래식 핸드 브루:
에티오피아 사오나, 에티오피아 아바야 게이샤, 에티오피아 코케, 코스타리카 엘 페드레갈,
코스타리카 라스 라하스, 코스타리카 시나몬, 콜롬키아 모틸론, 콜롬비아 캄포 에르모소,
르완다 부산제, 케냐 오로라, 과테말라 엔트레 볼카네스, 과테말라 엘 소코로, 브라질 세르타오

배치 브루는 방문한 날 콜롬비아 모틸론, 에티오피아 코케가 아이스로 제공되고 있었다.
계절에 맞게 핫 음료로 제공될 예정이라고 한다.

.핸드 브루 레시피
킨토 슬로우 드리퍼를 사용하여 원두 17g에 물 270g(약 1:16)을 몇 차례에 걸쳐 빠르게
푸어링하여 커피를 추출했다.

.핸드 브루 (에티오피아 사오나)
재스민 향과 초콜릿의 쌉싸름함이 첫 모금에 직관적으로 다가왔고, 피치의 몽글한 산미 뒤에
순한 단맛이 조화를 이루었으며, 햇감의 신선한 떫은맛이 뒤를 이었다.

.배치 브루 (에티오피아 코케)
트로피컬 프루츠의 부드러움에 오렌지의 순한 신맛과 단맛이 어우러져 마시기 편한
아이스커피가 됐다.

 고로커피로스터스

서울 관악구 남부순환로231길 33
https://www.instagram.com/gorocoffeeroasters/

서울대입구역 8번 출구에서 나와 지도 앱을 따라 12분 정도 가다 보면 경사진 골목에 옛 동네 모습이 남아있는 지역이 나오고 이곳에 '고로 커피 로스터스'가 위치해 있었다. 이 같은 주거지역에 카페가 있다는 것을 신기해하며 문을 여니 아담해 보이는 공간에는 이미 손님들이 꽉 들어차 훈훈한 온기를 내뿜었다. 낡은 목재 바닥과 노출된 천장에 합판 느낌의 목재로 된 바와 테이블들이 놓여 있고, 각기 다른 모습을 하고 있는 단순한 모양의 갓 등에서 흘러나오는 노란 불빛이 주변을 비추는 공간은 빈티지풍 그 자체였다. 스피커에서 나오는 둔탁한 소리의 팝송은 이곳과 하나가 되어 편안함을 전달했다. '모닥불에 사람들이 모여 앉아 커피를 마시며 도란도란 얘기하며 서로의 정을 키워나가는 곳'이 '고로커피로스터스'이다.

메뉴는 크게 커피와 논커피로 구성되어 있고, 커피 파트에는 블랙, 밀크, 시그니처로 나누어져 있다.
커피 메뉴는 블렌드인 대공원, 그레코 로만, 헤비두티 중에서 원두를 선택할 수 있다.
필터 브루잉 파트는 분리되어 다음과 같은 6종의 원두가 준비되어 있다:
에티오피아 우라가 고구구, 콜롬비아 와일드 시트러스, 콜롬비아 스파클링 그레이프, 과테말라 엘 템픽스퀘 카투라 워시드, 콜롬비아 엘소우세 카투라 워시드, 콜롬비아 엑셀소 디카페인

녹차절미, 딸기피스타치오, 단호박갸또, 통밀르뱅쿠키가 디저트로 준비되어 있다.

.필터 브루잉 레시피
오리가미 드리퍼를 사용하여 원두 17g에 물 270g(1 15.8)을 부어 커피를 추출한다.
추출 시 1~2인용이 아닌 3~4인용 드리퍼를 사용하는 이유는 물 1, 2차에 각각 90g씩 붓고 터뷸런스를 세게 주기 때문에 넘칠 우려가 있어서라고 했다.

.에티오피아 우라가 고구구 G1 W (필터 커피)
첫 모금에 발효된 메주 냄새가 살짝 나는 듯했고, 디내 블랙 티의 쌉쌀함이 베리류의 산미와 어우러져 입안에 맴돌았다. 이들을 감싼 복숭아 향과 흑설탕의 진득한 단맛이 뒤를 이으며 한 잔의 커피 맛을 완성했다.
발효 커피인지 물었더니 워시드라고 했다.

.딸기 피스타치오 케이크
크림, 생딸기, 커스터드 크림, 피스타치오 케이크의 조합에서 달콤하면서 부드럽고 상큼한 맛이 나는 담백한 케이크였다.

10 오오디커피랩

개봉역에서 버스로 10분 거리인 개봉 1동 사거리 근처, 골목이라고 하기엔 좀 큰 소도로변에 '오오디커피랩'이 위치해 있다. 노출된 시멘트 바닥과 천장을 배경으로 우드 재질의 바와 몇몇 좌석이 벽을 따라 놓여 있었고, 에어컨의 시원함을 더해 주는 선풍기가 돌아가는 모습이 정겨웠다. 스피커에서 나오는 둔탁한 음향의 옛 팝송은 편안함을 더해줬다.

구로구 개봉동의 한적한 골목에 위치한 '오오디커피랩'은 원두 선별부터 로스팅, 핸드드립까지 모든 과정을 섬세하게 담아내고 있다. 디저트도 직접 만들어 제공하며 남녀노소 즐길 수 있는 카페로, 2023, 2024, 2025년도 콜럼버스 가이드에 선정된 커피 맛집이라고 한다.

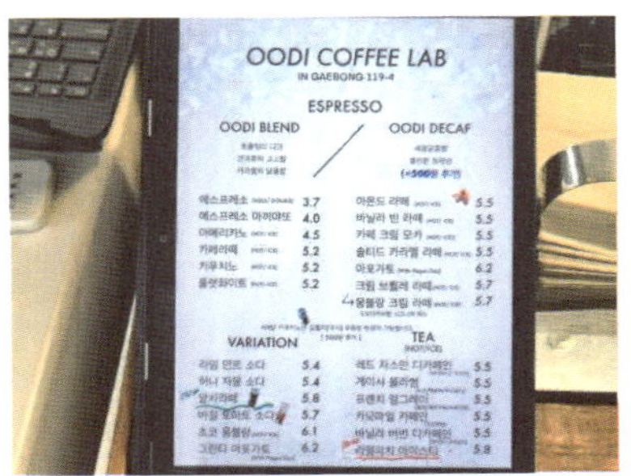

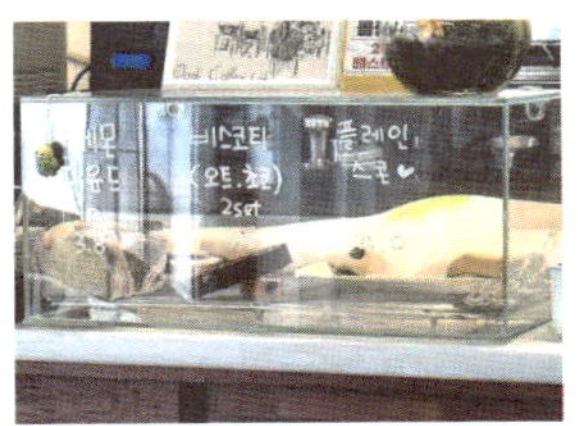

"

메뉴는 크게 에스프레소, 베리에이션, 티, 필터 커피로 구성되어 있다.에스프레소 메뉴는
'오오디 블렌드'와 '오오디 디카페인' 중에서 선택 가능하다.필터 커피는 방문한 날 선택 가능한
원두는 다음과 같았다:
르완다, 탄자니아, 에티오피아, 엘살바도르

디저트에는 레몬 파운드, 비스코티(오트, 초코), 플레인 스콘이 준비되어 있었다.

.필터 커피 (핸드드립) 레시피
고노 드리퍼를 사용하여 원두 25g에 물 250g을 드립했는데, 초반에는 일정 시간 지속적으로
점드립을 했고, 후반부에는 빠르게 푸어링하여 커피 추출을 완성했다.

.핸드드립 (르완다 인조부 AA 워시드)
시원한 느낌의 사과 산미와 다크 초콜릿의 씁쓸함이 농익은 단맛과 어우러져 진하게 이어졌고
깔끔함으로 마무리되었다.

.비스코티 (오트, 초코)
쿠키는 마치 수분을 잃은 듯 바삭한 식감을 지녔고, 느끼하지 않은 담백한 맛으로 커피와 잘
어울렸다.

11 라트커피

서울 노원구 한글비석로 245 두타빌상가 B동 1층 124호 LATT COFFEE
http://www.instagram.com/latt_coffee

상계역 5번 출구에서 나와 1224번 버스를 타고 14분쯤 가서 은행사거리 정류장에서 내리면 학원가가 나온다. 여기서 2분 거리에 있는 아파트 단지 내 상가 1층에서 '라트 커피'를 볼 수 있었다. 늦은 오후임에도 문 앞에 놓인 테이블들은 이미 손님들로 만석이었는데, 5월이라는 계절 탓도 있겠지만 이곳의 인기도 실감할 수 있는 첫 대면이었다. 실내로 들어서는 순간 빈자리가 없을 정도로 많은 손님들로 인해 실내는 활기를 띠고 있었고 덩달아 기분이 들뜨는 느낌이었다. 실내 가운데 회랑 같은 통로를 중심으로 두 곳으로 나누어진 실내는 옅은 그린 톤을 배경으로 다크 브라운 계열의 바닥과 가구로 꾸며져 있었고 은은한 노란 조명들이 곳곳에서 실내를 비추고 있어서 아늑하면서도 집에 있는 것 같은 편안한 분위기를 만들고 있었다. '행복한 날을 위한 작은 한 모금 라트커피' 문구가 딱 맞는 카페였다.

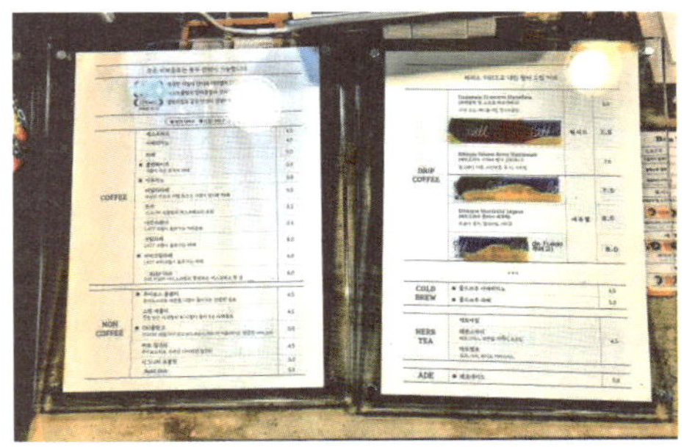

메뉴는 크게 커피, 논 커피, 필터 드립 커피, 콜드브루, 허브티, 에이드로 구성되어 있다.커피 메뉴는 블렌드인 어글리덕, 블랙스완과 디카페인 중에서 원두를 선택할 수 있다. 필터 드립 커피에는 다음과 같은 원두들이 준비 되어 있다:과테말라 엘 소코로 마르세예사, 에티오피아 시다마 벤사 산타와니, 에티오피아 문타샤 레게제
디저트로는 클래식 스콘 (2,500), 브라우니 케이크 (3,500), 오트밀 쿠키 (2,000), 초코칩 쿠키 (2,000)가 준비되어 있다.디저트 가격이 합리적이고, 스콘 등 20% 마감 할인, 음료 추가 주문 시 15% 할인이라는 이벤트가 있다.

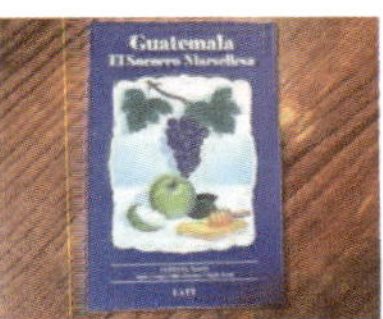

.필터 드립 커피 레시피
하리오 스위치 드리퍼를 사용하여 원두 18g에 물 300g을 30g, 130g, 100g, 40g 순서로 푸어링하여 커피를 완성한다.하리오 침출식 드리퍼 스위치를 사용했지만, 커피 맛의 완성도를 위해 그 기능은 사용하지 않는다고 하였다.

.필터 드립 커피 (과테말라 엘 소코로 마르세예사)
청사과의 상큼한 신맛, 과일즙과 사과씨의 쌉싸름함, 은은한 단맛이 서로 어울려 또 하나의 맛이 됐다.

.라떼
어글리덕 블렌드를 선택 후 제공된 라떼는 적당한 초콜릿의 쌉쌀함과 산미가 느껴지려고 할 즘에 고소함과 부드러움이 음료 전체를 감싸는 묵직한 맛으로 마무리되었다.

.브라우니 케이크
세 가지 초콜릿을 녹여 만든 브라우니는 적당한 꾸덕꾸덕함과 부드러움을 가지고 있고 단맛이 강한 케이크였다.

12 카페 마비노스

상계역 4번 출구에서 나와 14분 정도 가다 보면 나오는 아파트 단지로 들어가는 초입의 한 건물에서 '마비노스'를 볼 수 있었다. 약간의 계단으로 2층으로 올라가 문을 여니 몇몇 이웃 주민들이 환담을 나누고 있어 친숙하면서도 환한 분위기의 공간이 한눈에 들어왔다. 노출된 시멘트를 배경으로 그린 바, 브라운 의자, 화이트 테이블의 조합으로 꾸며놓은 공간은 바쁠 것 없이 느긋할 것 같은 미국 로컬의 한 카페 같은 느낌이었다. 스피커에서 나오는 적당한 음량과 템포의 음악은 이곳의 분위기를 그쪽으로 확정 짓고 있었다.곳곳에 놓인 로스팅 대회에서 받은 수상 상패와 메달들이 눈길을 끌었고, 바에 놓인 것은 '25년 골든 커피 어워드 애너로빅 베스트 커피 (브론즈)'였다.마비노스는 2014년 시작한 노원구 상계동 로스터리 카페로, 취향에 맞는 원두를 선택하여 커피를 즐길 수 있는 커피 맛집이며, 납품 및 판매를 위한 전문적인 로스팅을 진행하고 있다고 한다.

메뉴는 크게 커피, 필터 커피, 티, 에이드, 라테, 스쿠디로 구성되어 있다.
에스프레소 파트는 블렌드인 트로피컬 하우스, 블루스, 올드팝, 디카페인 중에서 원두를 선택할
수 있다.
필터 커피에는 6종의 싱글 오리진 원두가 준비되어 있다:ㅜ브라질 내추럴 NY2, 콜롬비아
수프리모 워시드, 과테말라 SHB 워시드, 케냐 AA TOP, 에티오피아 G1 워시드, 에티오피아 G1
내추럴말렌카 케이크가 디저트로 준비되어 있다.

.핸드드립 레시피
하리오 v60 드리퍼를 사용하여 원두 20g에 물 280g을 수차례에 걸쳐 푸어링하여 커피를
추출한 다음 물 20g을 추가하여 커피를 완성한다.
손님의 취향에 맞게 레시피를 조금씩 조정한다고 한다.

.핸드드립 커피 (케냐 키링야가 카공고 워시드)
코코아 매스 60% 정도 들어간 초콜릿의 씁쓸함이 첫 느낌으로 다가왔고, 완숙 토마토의
산미와 황설탕의 구수한 단맛이 뒤를 이어 부담 없이 마시기 편한 커피였다.

.에스프레소 (블루스 블렌드)
진한 다크 밀크 초콜릿에 과일의 상큼한 산미가 섞여 조화로우면서도 부드러운 맛이었고, 혀로
누를수록 단맛이 올라왔다.

13 컴투레스트

서울 동대문구 회기로 161-11 1층
http://instagram.com/come.to.rest

회기역 1번 출구에서 나와 10분 정도 대로변을 따라가다 한 골목으로 들어서서 이곳에 카페가
있을까 하는 의구심을 가질 즈음, 언뜻 보기에 작은 외관을 가진 '컴투레스트'를 볼 수 있었다.
발견했다는 반가움과 귀엽다는 느낌을 가지고 안으로 들어가니 역시나 아담한 규모의 실내
공간은 밖의 추위는 아랑곳하지 않고 많은 손님들로 가득 차 있었고 그 온기가 실내에 가득했다.
낡아 보이는 바닥에 몇몇 짙은 갈색의 원목 테이블과 의자들이 놓여있는 모습과 메인 바 위에
설치된 유리 등들이 왠지 일본의 어느 골목에서 봤을 법한 모습이었고 빈티지함과 아늑함이
동시에 전달됐다. 실내에 흐르고 있는 조용한 팝송은 이곳에 그 감성을 더했다. 컴투레스트는
직접 로스팅을 하는 로스터리 카페로 '커피와 쉼'을 모토로 하고 있다고 한다.

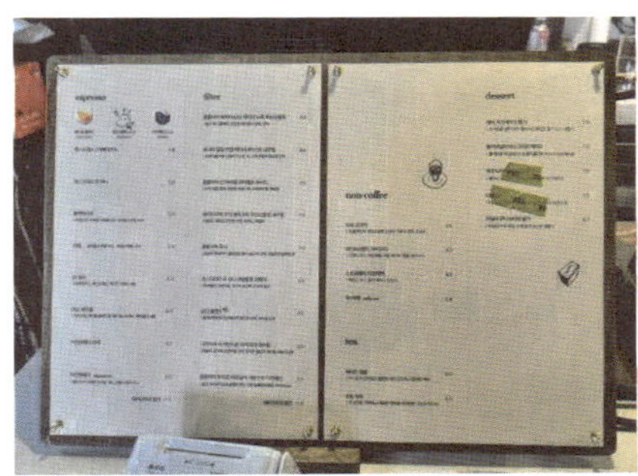

메뉴는 크게 에스프레소, 필터, 논커피, 디저트로 구성되어 있다. 에스프레소 메뉴는 헤이즐 블렌드, 값진 블렌드, 디카페인 중에서 선택할 수 있다.
필터 커피에는 총 9종의 다음과 같은 원두들이 준비되어 있다:
콜롬비아 파라이소92 게이샤 누룩 무산소 발효, 파나마 알토 키엘 게이샤 #이스트 내추럴,
콜롬비아 산 라파엘 워터멜론 워시드, 에티오피아 구지 데리코차 무산소 발효 내추럴,
콜롬비아 쥬시, 코스타리카 라 모나 과일 발효 오린지, 값진 블렌드, 니카라과 라 레텐시온
피카마라 내추럴, 콜롬비아 하이로 아르실라 사탕수수 디카페인

디저트는 레어 치즈케이크 딸기, 통카 바닐라 바스크 치즈케이크, 바닐라 판나코타와 딸기가 준비되어 있고 이곳에서 직접 만들고 있다고 했다.

.필터 커피 레시피
하리오 스위치 드리퍼를 사용하여 원두 15g에 1:16의 비율로 커피를 추출한다. 30g의 물을 부어 30초간 뜸을 들인 후, 105g의 물을 부어 드리퍼 안에 잠시 가두어 둔 다음 추출한다. 나머지 105g의 물은 스위치를 연 채로 흐름을 유지하며 커피를 추출하여 완성한다.
핫 커피인 경우에는 하리오 스위치를, 아이스 커피연 경우에는 펠로우 스태그 드리퍼를 사용하고 있다고 한다.

.필터 커피 (코스타리카 라 모나 과일 발효 오렌지)
상큼한 딸기의 산미와 견과류의 고소함이 신선한 단맛과 어우러져 밝음을 나타낼 즈음에 모과, 오렌지 뉘앙스와 티의 쌉쌀함이 뒤를 이어가며 무게감을 더해줬다.오렌지 껍질과 과즙을 넣어 발효 가공 과정을 거친 커피라고 한다.

.바닐라 판나코타와 딸기
상큼해 보이는 플레이팅 모습에서 이미 첫맛이 느껴졌고, 한입 떠서 입에 넣으니 달콤한 생크림의 고소함이 부드러우면서도 몽글몽글한 식감으로 전달되었다. 옆에 놓인 생딸기, 딸기잼과 같이 먹으니 입안에서 새콤달콤의 향연이 펼쳐졌다.

서울 동작구 노량진로14길 35-6 1층
https://www.instagram.com/authentica_coffee

노량진역 3번 출구에서 나와 5분 정도 걷다 보면 한 골목에서 뚜렷한 글씨로 쓰인
'AUTHENTICA'라는 커다란 검은색 간판을 볼 수 있다. 약간의 계단으로 내려가 카페 문을 열면
노란 불빛을 받고 있는 아늑한 공간이 나오게 된다. 잘 처리된 시멘트 바닥과 전체적인 화이트
톤을 배경으로 베이지와 블랙 테이블을 배치했고, 커피 바는 대리석으로 마감하여
쾌적하면서도 고급스러운 이미지를 자아냈다. 스피커에서 나오는 적당한 템포의 비트 있는
음악은 세련됨을 더해주었다.
오픈한 지 4개월째 되는 AUTHENTICA(어센티카)가 위치한 노량진은 스페셜티 커피가 아직
낯선 동네다. 그래서 카페를 준비할 때부터 좋은 커피를 평범한 고객의 눈높이에 맞추는
방법을 고민해 왔다. 커피에 대해 잘 알지 못해도 하루를 기분 좋게 하는 맛있는 커피를 동네
사람들 누구나 경험할 수 있기를 바라는 것이 지금의 AUTHENTICA 정체성이다.

메뉴는 스페셜티 핸드드립, 오늘의 커피, 밀크커피, 디저트, 논 커피, 리프레시먼트, 델픽 티로
구성되어 있다.
스페셜티 핸드드립에는 다음과 같은 원두들이 준비되어 있다. :
코스타리카 돈 엘리 게이샤 네추럴 (COE), 트로피컬 플로럴 블렌드 (2023 MoC Silver A ward),
브라질 만테퀘이라 옐로우버번 네추럴, 파나마 카르멘 게이샤 네추럴, 콜롬비아 라스 플로레스
핑크버번, 코스타리카 버번 네추럴 헤이즐넛, 콜롬비아 코피넷 카스티오 리치, 브라질 옐로우
버번 네추럴, 콜롬비아 코피넷 카투라 슈가케인 디카페인

디저트로는 이곳에서 직접 만든 빅토리아 케이크, 영국식 스콘, 피넛버터 초코 브라우니가
제공되고 있다.

.핸드드립
하리오 스위치 드리퍼를 사용하여 원두 15g에 물 220g을 푸어링한 다음 스위치를 내려 한동
안 가둬놓은 뒤 커피를 추출했다.
푸어링하는 물의 양은 원두에 따라 200~300g 사이에서 조절한다고 하며, 물을 고르게
분사하는 보조 도구인 어시스트는 원두에 따라 선택적으로 사용한다.

.핸드드립 커피 (트로피컬 플로럴 블렌드)
발효된 듯한 트로피컬 후르츠 향이 신선한 사탕수수의 단맛과 어우러져 진한 인상을 남길
즈음, 자몽의 떫은듯한 신맛이 순하게 이어졌고 달큼한 깨끗함이 커피 전체를 감싸고 있었다.
2023 마스터오브카페 실버 어워드를 수상한 커피라고 한다.

.호주식 카푸치노
첫모금에 느껴진 달콤한 초코 파우더가 라테로 이어졌고, 에스프레소의 쓴맛 대신 초코가
간간이 느껴지는 부드럽고 편안한 맛이었다.

서울 마포구 독막로19길 32 1층
https://www.instagram.com/doduk_kyubum

상수역 2번 출구에서 나와 5분 정도 가다 보면 나오는 한 주택 단지 골목에서 카페 '도덕과 규범'을 볼 수 있다. 찬 공기가 아직은 시원하게 느껴지는 늦가을이기에 이미 열려 있는 실내로 쉽게 들어갈 수 있었고, 아담해 보이는 실내가 한눈에 들어왔다. 그다지 꾸미지 않은 것 같아 보이는 공간에 큰 규모의 로스터기와 전문성 있는 커피 장비들이 놓여 있는 모습은 빈티지하면서도 전문성을 갖추고 있었다. 곳곳에 놓인 음악 CD와 LP판들로 이곳 주인의 음악에 대한 사랑을 느낄 수 있었고, 적당한 볼륨으로 흘러나오는 재즈는 이곳 분위기에 자연스럽게 스며들고 있었다.

사장님의 이름에 그의 가치관을 덧붙여 만든 '도덕과 규범'은 로스팅 10년 차에 접어든 로스터가 상수동에서 운영하고 있는 로스터리 카페이다. 다가가면 더 멀어지는 로스팅에 애정을 가지고 열정을 다하고 있으며, '우리는 자생할 수 없고 상생한다'는 슬로건으로 가게를 방문하는 손님들이 좋은 커피를 마시고 좋은 영향을 받으며 서로를 위로해 주는 상생하는 공간을 만들어가고자 한다고 한다.

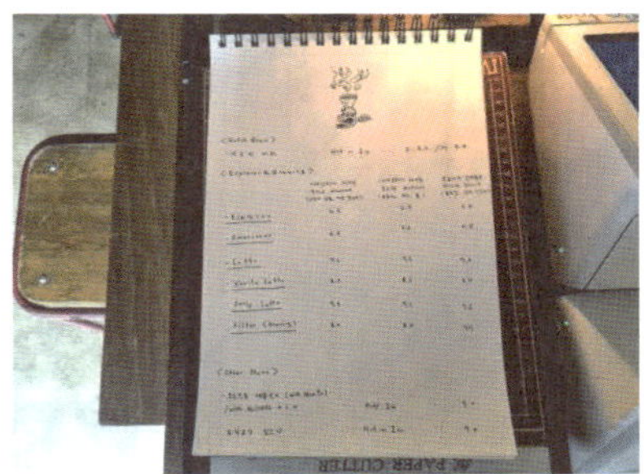

메뉴는 크게 배치 브루, 에스프레소 & 브루잉, 아더 메뉴로 구성되어 있으며, 디저트는 따로
준비되어 있지 않다.
다음과 같은 3종의 싱글 오리진 커피 중에서 원두를 선택한 후에 에스프레소 파트, 라테 파트,
필터 커피에서 주문하는 구성으로 되어 있다:
에티오피아 타미루 무라고 워시드, 에티오피아 타디루 모르케 내추럴, 콜롬비아 엘타블론
게이샤 디카프

.필터 커피 레시피
하리오 스위치 드리퍼를 사용하여 원두 17.5g에 250ml를 푸어링하여 2분간 침지 후에
스틱으로 스월링하며 추출한다.

.필터 커피 (에티오피아 타미루 무라고 워시드)
추출하는 동안 재스민 향이 향긋하게 올라와 기분을 좋게 했고, 한입 들이키니 오렌지 필에 잘
달인 사탕수수의 단맛이 섞인 프레시함이 전해졌으며 오렌지 필의 쌉싸름함이 달짝지근하게
뒤를 이어갔다.

.라테 (에티오피아 타미루 모르케 내추럴)
첫 모금에 크림치즈 같은 부드러움이 입안에 퍼질 즈음에 요구르트 산미와 고소함이 뒤를
이어 독특한 맛을 완성했다.

16 도래노트

서울 마포구 방울내로 72 1층 도래노트
https://www.instagram.com/doraeknot_mangwon

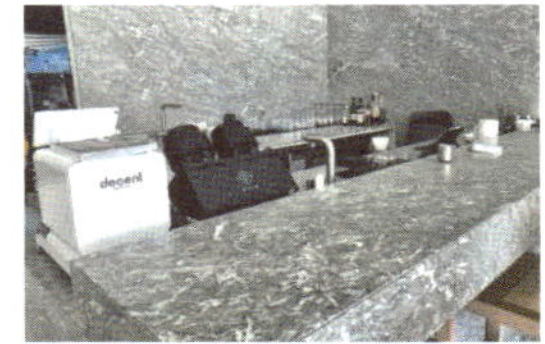

마포구청 역 5번 출구에서 나와 8분 정도 가다 보면 나오는 작은 도로변에서 '도래 노트'를 볼 수 있다. 건물 1층에 위치한 이곳은 따로 간판이나 표시물을 설치해 놓지 않았고, 전면으로 난 창을 통해 보이는 가구들과 커피 관련 장비들이 찾던 곳임을 말해주고 있었다. 문을 열고 들어가니 쾌적한 느낌이 드는 넓은 공간이 나타났다. 문에서 바로 보이는 정면에 양쪽으로 놓여 있는 두 개의 바가 시선을 끌었고, 노출되었지만 잘 다듬어진 듯한 천장, 밝은색의 원목 가구들에 나지막이 흐르는 재즈 음악 소리가 입혀져 모던하면서도 안정된 느낌을 주고 있었다. 바, 테이블 등의 높이를 높게 하지 않고 그 위의 물건들이 많이 보이지 않게 하여 시선을 가리지 않도록 인테리어를 신경 써서 했다는 이곳 사장님의 설명이 있었다.
공간과 커피에 정성이 느껴지는 곳 도래노트였다.

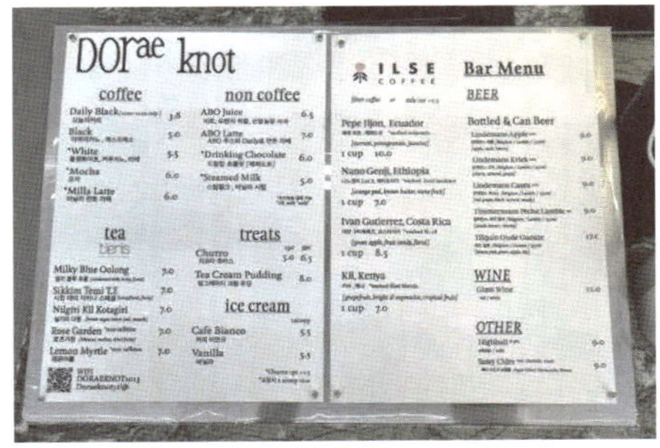

메뉴는 크게 커피, 논커피, 티, 트리츠, 아이스크림, ILSE(필터 커피), 바 메뉴로 구성되어 있다. 디저트로 보이는 트리츠에는 리코타 츄러스와 얼그레이티 크림 푸딩이 있었고, 바 메뉴에는 비어와 와인 등 주류가 포함되어 있다.

에스프레소 관련 메뉴는 이곳에서 직접 로스팅한 원두를 사용하고 있고, 필터 커피는 'ILSE' 원두를 사용한다고 한다.

준비된 ILSE 커피는 다음과 같았다:

페페 히온 에콰도르, 나노 겐지 에티오피아, 이반 구티에레즈 코스타리카, 키이 케냐

.필터 커피 레시피

오레아 드리퍼를 이용하여 원두 15g에 물 260g을 푸어링하여 커피를 추출한다고 한다. 이곳에서는 필터 커피 '핫'인 경우에 '오레아 (Orea)'를, '아이스'인 경우에 트리콜레이트 (Tricolate) 드리퍼를 사용하고 있다고 한다.

.키이 케냐 (필터 커피)

라임의 밝은 산미와 자몽의 쌉싸름함이 청량하면서도 진한 단맛과 어우러져 개성 있는 커피 맛을 만들었다. 식어갈수록 그린 토마토의 느낌도 나는 듯했다.

.바닐라 민트 라떼

달콤하고 부드러운 라떼가 모나지 않은 맛을 전달했그, 식을수록 민트 향이 살아나 살짝 올라왔다. 향이 진하지 않고 부드럽게 유지되도록 민트 잎을 우려내어 사용한다고 한다.

17 도화아파트먼트 마포

서울 마포구 도화2길 27 1층 B101호~102호
http://www.instagram.com/dohwa_apt

마포역 3번 출구로 나와 서울 가든 호텔 뒤편으로 6분 정도 걸어가면 아파트 단지 근처에 있는 하얀 건물 '도화아파트먼트 마포'를 볼 수 있다. 문을 열고 들어가면 노출된 시멘트 바닥과 벽돌로 마감된 내부에 좌석만 배치된 1층이 있고, 지하로 내려가 주문할 수 있는 구조이다. 지하에는 노출된 시멘트 바닥과 흰 천장을 배경으로 메탈릭 가구들이 배치된 시크하면서도 은밀해 보이는 공간으로 꾸며져 있다. 조금은 드라이하다는 느낌을 받을 즈음 스피커에서 은은하게 흘러나오는 캐럴이 실내에 따뜻함을 더해주었다. '서로 다르지만 함께 하기 위해 모인 아파트먼트. 간결함과 정성을 담은 빵과 커피, 그리고 따뜻함을 담아 이웃으로 찾아뵙는 도화아파트먼트'라고 한다.

메뉴는 크게 커피, 콜드 브루, 필터 커피, 베버리지, 티, 시즌 메뉴, 샌드위치 세트로 구성되어
있다. 커피 메뉴는 블렌드인 도화와 화이트, 디카페인 중에서 선택할 수 있다.
필터 커피는 에티오피아 벤사 봄베 내추럴, 온두라스 쿠쿠루초 파카마라 원두 중에서 선택할
수 있다.
밤 휘낭시에, 아몬드 크로칸트 휘낭시에, 누룽지 크럼블 휘낭시에, 발로나 휘낭시에, 산딸기
크림치즈 휘낭시에, 로투스 스모어 쿠키, 오레오 스모어 쿠키, 에그타르트가 디저트로 준비되어
있고, 잠봉 샌드위치, 루꼴라 치아바타 샌드위치, 치킨 타라곤 샌드위치와 도화 티라미수,
블루베리 크림치즈 케이크, 바스크 치즈 케이크도 사이드 메뉴로 준비되어 있다.

.필터 커피 레시피
하리오 V60 드리퍼를 사용하여 원두 20g에 물 300c을 여러 차례에 걸쳐 푸어링하여 커피를
추출한다고 한다.

.필터 커피 (온두라스 쿠쿠루초 파카마라)커피 한 모듬이 입안으로 들어오는 순간, 고추의
알싸함과 슈거케인의 자연스러운 단맛이 어우러져 부드럽게 느껴졌고 베리류의 산미가
은은하게 뒤를 이어갔다.

.밤 휘낭시에반으로 가르니 밤의 질감 같은 속살이 나와서 마치 밤 같다는 첫느낌이었고, 겉은
바삭하고 속은 촉촉하면서 간간이 밤 조각이 씹히는 매력적인 구움 과자였다.

18 라운지 클라리멘토

서울 마포구 잔다리로7안길 18 1층
https://www.instagram.com/clarimento

합정역 2번 출구에서 나와 4분 정도 직진하다가 작은 골목 입구로 들어서니 바로 흰색
프레임을 가진 '라운지 클라리멘토'가 눈에 띄었다. 아직은 쌀쌀한 겨울의 한복판에 타원형의
큰 유리 벽 사이로 보이는 카페 내부의 온기가 그대로 전해지고 있었다. 문을 열고 들어가니
이곳의 메인인 커피 바가 바로 보였고, 유리벽과 그 주위로 소파가 놓여 있는 편안하면서도
아담한 느낌의 공간이 나왔다. 타원형의 벽을 둘러싼 큰 유리창을 통해 골목 풍경이 바로
들어와 개방감을 더해주었다. 한편 스피커에서 흘러나오는 낮은 톤의 팝송은 자연스럽게 이곳
분위기에 녹아들고 있었다. 입구에 놓여 있는 팻말을 따라가자 지하에 또 다른 음료 공간이
나타났다. 평소에는 커피와 음료를 마실 수 있는 장소이며 대관도 가능하다고 한다. 2022 월드
베스트 로스팅 챔피언십 대회에서 우승을 차지한 장형순 로스터가 이곳에서 생두 바잉과
QC를 담당하고 있다고 한다.

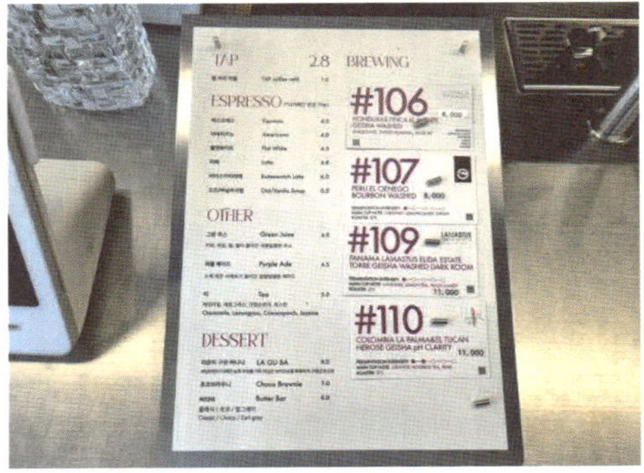

메뉴는 탭, 에스프레소, 아더, 브루잉, 디저트의 큰 카테고리로 구성되어 있다.
브루잉 커피는 4가지 싱글 오리진 중에서 원두를 선택할 수 있다:
온두라스 엘 푸엔테 게이샤 워시드, 페루 엘 시에네고 버번 워시드, 파나마 라마스투스
이스테이트 엘리다 토레 게이샤 워시드 다크 룸, 콜롬비아 라팔마 엘투칸 히어로즈 게이샤 ph
클레리티
탭커피에는 3종 원두가 준비되어 있다:
누베그리스(블렌드), 카라멜로(블렌드), 콜롬비아 라 페냐 카투라 워시드
배치브루로 제공되는 탭커피는 약 10분 정도의 긴 추출 시간이 소요되지만 그에 맞게
자극적이지 않고 부드럽게 풀어진 맛으로 즐길 수 있어 라이트 로스팅 된 커피와 특히나 잘
어울린다고 한다.
디저트로는 라운지 구운 바나나, 초코 브라우니, 버터바가 준비되어 있다.

.필터 커피 레시피
퍼즐 드리퍼를 사용하여 원두 16g에 물 240g (1:15)을 수차례에 걸쳐 푸어링하여 커피를
추출한다고 한다.

.필터 커피 (온두라스 엘 푸엔테 게이샤 워시드)
알싸한 고추 향이 살짝 올라온 후 새콤한 레몬의 산미와 호박의 뭉근한 단맛과 질감이
어우러져 꽉 찬 느낌을 주는 깔끔한 커피였다.
커피 전용 컵이라고 할 수 있는 크루브 포트와 컵에 제공되었다.
.탭커피 (카라멜로)
첫 모금에 재스민 향이 숙성되어 묵직한 열대과일 향으로 변했고, 떫은 듯한 레몬의 산미와
단맛이 어우러져 둥글둥글하게 입안을 맴돌았다.
Ethiopia Sidama Bensa Hamasho G1 Natural 70%, Ethiopia Guj Uraga G1 Washed 30%

19 레드플랜트 합정본점

서울 마포구 양화로7길 6 레드플랜트
https://www.instagram.com/redplant_coffee

합정역 2번 출구에서 나와 골목이라고 하기엔 조금 넓은 옆길로 바로 들어서면 2분도 안 돼서 커다란 빨간 리본으로 장식된 단독주택 같은 하얀 2층 건물 '레드플랜트'를 볼 수 있었다. 곳곳에서 비추는 노란 조명을 받고 있는 화이트 톤의 아늑한 실내와 정문을 기준으로 오른쪽은 로스팅실과 주문 및 메뉴 제조를 할 수 있는 전문적인 커피 공간으로 이루어져 있었다. 스피커에서 나오는 은은한 피아노 음률이 이 공간을 더욱 따뜻하고 편안하게 만들고 있었다. 2층에도 꽤 넓어 보이는 음료와 디저트를 먹을 수 있는 공간이 마련되어 있었다. 2024 코리아 커피 로스팅 챔피언십(KCRC) 2위 류정헌 로스터가 운영하는 '레드 플랜트(Red Plant)'는 커피에 대한 붉은 열정을 갖고 있는 빨간 커피 공장이란 뜻으로, 열정을 가지고 즐거운 일을 즐겁게 하자는 신념으로 커피를 만들고 있으며, 커피 맛을 위한 진중한 태도로 오직 스페셜티 원두만 취급하고 있다고 한다.

 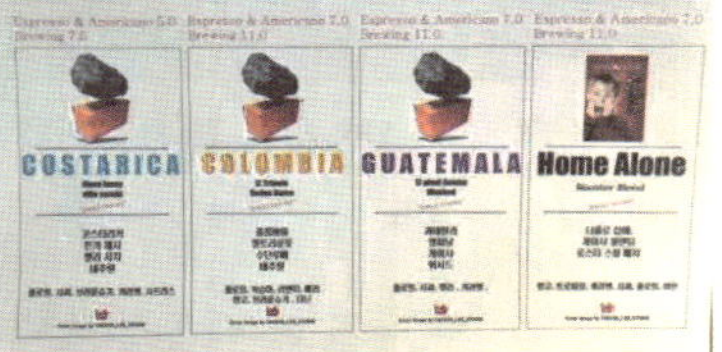

메뉴는 크게 논 커피, 에스프레소 커피, 브루잉 커피, 디저트로 구성되어 있다.
다음과 같은 4종의 원두로는 에스프레소, 아메리카노, 브루잉 커피 메뉴가 가능했다:
코스타리카 핀카 제시 벨라 사치 내추럴, 콜롬비아 엘 트리운포 수단 루메 내추럴, 과테말라
엘 피날 게이샤 워시드, 나 홀로 집에 게이샤 블렌딩 로스터 스몰 배치
디저트에는 르뱅 쿠키, 르뱅 크루키, 플레인 스콘, 바스크 치즈 케이크, 초코 카스텔라가
준비되어 있다.

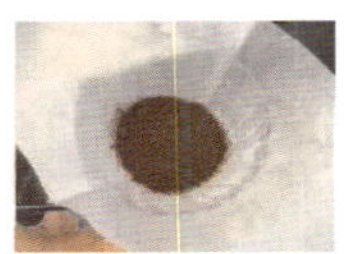

.브루잉 커피 레시피
하리오 V60 드리퍼와 케멕스 필터지를 사용하여 원두 30g에 물을 한 번에 푸어링하여 커피
250g을 추출한다고 한다.
케멕스 필터지를 사용하는 이유는 원두가 이미 벌어진 상태이기 때문에 빨리 추출하여 성분을
잘 끌어내기 위함이라고 한다.

.브루잉 커피 (콜롬비아 엘트리운포 수단루메 내추럴)
신선하면서도 깊게 느껴지는 단맛과 피치의 과즙, 허브티의 은은한 쌉싸름함, 베리류의 산미가
어우러져 복합적인 향미를 나타내고 있었다. 전체를 감싸고 있는 오일리함과 깨끗함에서
고급스러움이 느껴졌다.

.버터 스카치
고소하고 짭짤한 버터와 달콤한 크림, 에스프레소가 어우러져 마치 스카치 캔디 같은 맛이
났다. 꾸덕꾸덕한 질감의 크림을 한입 먹고 그 밑에 있는 라떼를 스트로로 한 모금 들이켜면
입안에서 조화롭게 섞이면서 밸런스를 맞추었다.

서울 마포구 포은로 136 1층 루틸
https://www.instagram.com/rutile.coffee

망원역 2번 출구에서 나와 12분 정도 가다 보면 주택가 작은 도로변에서 '루틸'을 볼 수 있다. 흰 벽에 파란 차광막을 두른 외관은 두 번째 방문이라 정겨운 모습이었다. 문을 열고 들어서니 사장님 혼자 운영하는 카페라고 보기엔 제법 넓은 공간이 한눈에 들어왔다. 광택 나는 노출된 바닥과 화이트 톤을 배경으로 한 화이트 톤의 테이블들과 블랙 톤의 커피 바 조합은 깔끔하면서도 환한 느낌을 자아냈으나, 몇 년 동안의 세월의 흔적도 그대로 안고 가는 듯했다. 입구 맞은편에 공간의 많은 부분을 차지하는 로스팅 룸과 커피 바가 나란히 놓여 있어 커피에 대한 이곳의 전문성을 보여주고 있다. 카페 '루틸'은 훌륭한 커피 맛과 아늑하고 편안한 분위기로 망원동 주민들과 방문객들에게 높은 평가를 받고 있는 곳이다. 로스터가 직접 운영하는 이곳은 다양한 스페셜티 커피를 주로 미디엄 라이트로 로스팅하고 있으며, 커피 상태에 따라 약간의 변형을 주어 풍미가 완전히 발달되어 자연스럽고 복합적인 과일, 꽃, 산미가 잘 발현될 수 있도록 중점을 두고 이를 핸드드립으로 제공하고 있다. 커피 외에도 루틸에서만 경험할 수 있는 시그니처 음료들도 준비되어 있다.

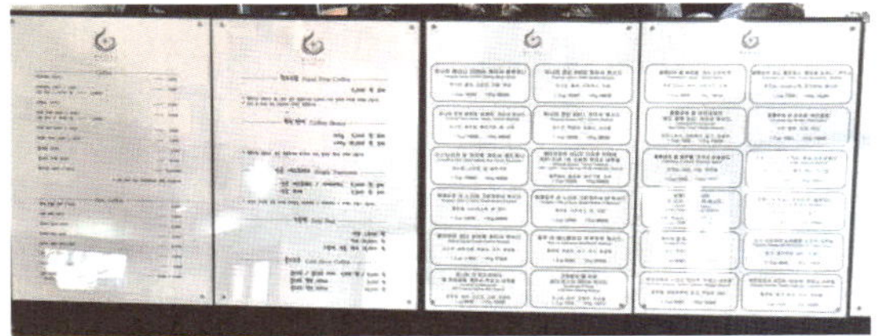

메뉴는 크게 커피, 논커피, 핸드드립으로 구성되어 있다.

핸드드립 파트에서는 원하는 볶음도나 맛, 산지 등을 말하면 로스터가 가장 알맞은 커피를 추천해 준다.

핸드드립 파트에 준비된 원두 종류 라인업이 매일 바뀌고 있으며 현재 메뉴판에 제시된 것은 다음과 같다:

파나마 레리다 2000m 게이샤 블랙허니, 파나마 젠슨 #906 게이샤 워시드, 파나마 핀카 베르데 '비엔토' 게이샤 워시드, 파나마 젠슨 #911 게이샤 익시드, 코스타리카 돈 카이토 게이샤 레드허니, 에티오피아 시다모 타미루 타데세, 에콰도르 라 노리아 그린게이샤 워시드, 에콰도르 라 노리아 그린게이샤 DF 워시드, 볼리비아 센다 살바예 게이샤 워시드, 페루 라 에스페란자 우쉬우쉬 워시드, 파나마 라 마스카라다 엘 트로피컬 게이샤 무산소 내추럴, 과테말라 엘 피날 린다 비스타 게이샤 워시드, 콜롬비아 엘 베르헬 '게샤 스피릿츠', 콜롬비아 라스 플로레스 '플로럴 심포니' 게이샤, 콜롬비아 엘 아마네세르 '레드 벨벳 소다' 게이샤 워시드, 콜롬비아 산 라파엘 '워터멜론', 콜롬비아 엘 베르헬 '코코넛 아일랜드', 콜롬비아 라스 팔마스 '쥬시 스트로베리', 콜롬비아 아나야 '리치 피치' 옴블리곤 워시드, 콜롬비아 카필라 로사리오 '블루베리', 콜롬비아 엘 파라이소 리치피치, 태국 치앙라이 도이팡콩 티피카 내추럴, 에티오피아 시다마 '타미루' 무라고 내추럴, 에티오피아 시다마 '타미루' 하테사 내추럴.

.핸드드립 레시피

하리오 V60 드리퍼를 사용하여 원두 21g으로 최종 즈출량 260g을 만든다.

.핸드드립 (에티오피아 시다모 벤사 도라모 워시드 제로 퍼멘테이션)

재스민 향이 은은하게 달인 브라운 슈거 맛과 어우러져 묵직하게 올라왔고, 상큼한 귤의 산미와 밀크 캐러멜의 부드러운 단맛이 뒤를 이었으며, 담백한 맛이 인상적이었다.

.에스프레소 (에티오피아 시다마 벤사 산타와니 헬룡 G1 내추럴)

레몬의 상큼한 산미와 밀크 카라멜의 부드러운 단맛이 어우러진 듯한 맛이 강렬하게 다가왔고 깔끔하게 마무리되었다. 깔끔한 맛에 무게감이 느껴지는 것이 인상적이었다.

서울 마포구 성미산로23안길 21 1층
https://www.instagram.com/sandstone.coffee.lab

가좌역 4번 출구에서 나와 11분 정도 사다 보면 경의선 숲길이 나오고, 그 옆길의 낮은 언덕에서 소담한 개인주택 모습을 한 '샌드스톤커피랩'을 만날 수 있다. 전면으로 난 유리문을 열고 들어가니 노란 불빛을 받고 있는 흰색 벽, 노출된 천장, 시멘트 바닥을 배경으로 몇몇 작은 공간으로 분리된 깔끔하고 아늑한 분위기의 실내가 나타났다. 스피커에서 나오는 톤 낮은 피아노 경음악은 이곳 분위기를 한층 더 차분하게 만들고 있었다. 커피를 제조하는 공간의 천장은 인테리어할 당시에 고민을 많이 했지만 노출된 상태로 두기로 결정했다고 했다. '모래가 쌓여서 단단한 돌이 되듯, 가치 있는 시간을 쌓아 가는 곳 'SANDSTONE COFFEE LAB'이다.

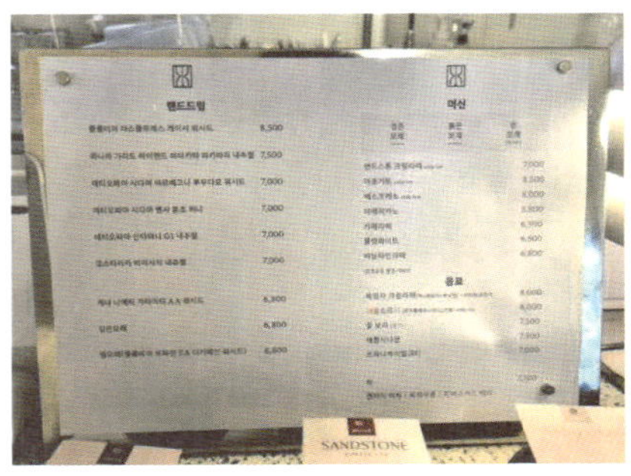

메뉴는 크게 핸드드립, 머신, 음료로 구성되어 있다.
커피 머신으로 가능한 음료는 블렌드인 검은모래, 붉은모래, 밤모래(디카페인) 중에서 원두를
선택할 수 있다.
핸드드립에는 다음과 같은 9종의 원두들이 준비되어 있다:
콜롬비아 라스플로레스 게이샤 워시드, 파나마 가리도 하이랜드 마마카타 파카마라 내추럴,
에티오피아 시다마 아르베고나 루무다모 워시드, 에티오피아 시다마 벤사 분초 허니,
에티오피아 산타와니 G1 내추럴, 코스타리카 비야사치 내추럴, 케냐 니에리 가타이티 AA
워시드, 검은모래, 밤모래 (콜롬비아 포파얀 EA 디카페인 워시드).
티라미수, 돌 한 조각, 플레인 휘낭시에가 디저트로 준비되어 있다.

.핸드드립 레시피
케멕스 드리퍼를 사용하여 원두 17g에 물 400g을 4차례 푸어링하여 커피를 추출한다.
2분 30초에서 3분 안에 추출할 수 있도록 여러 변수들을 조절한다고 한다.
케멕스 드리퍼를 쓰는 이유는 이곳 이미지와 맞물리는 모래시계를 표현할 수 있고, 좀 더
잡내를 걸러내 깨끗한 맛을 표현할 수 있기 때문이라고 한다.

.에티오피아 예가체프 게뎁 G1 워시드 (핸드드립)
맑은 재스민 향과 사과 씨의 알싸한 산미가 함께 올라왔고, 캐러멜의 고소한 단맛이 연하게
더해져 맑은 맛으로 이어졌다.

.돌 한 덩이 (케이크)
흑임자 밑에 흑임자 크림, 흑임자 케이크, 달콤한 팥 페이스트가 차례로 들어 있어서 동서양이
만난 독특한 케이크로 달콤하고 담백하면서도 생소한 맛이었다.

서울 마포구 동교로 139 1층 아이덴티티커피랩
https://www.instagram.com/identity_coffeelab

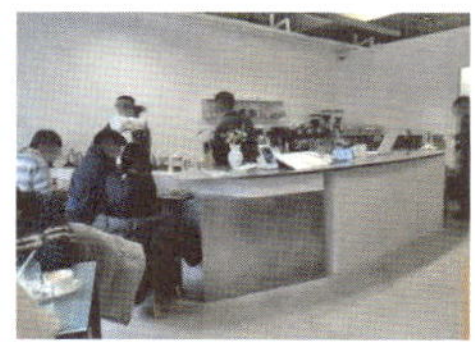

홍대역 1번 출구에서 나와 망원동 방향으로 13분쯤 내려가다 보면 작은 도로변에 자리하고 있는 '아이덴티티커피랩'을 볼 수 있다. 전면 유리로 된 큰 입구를 지나 안으로 들어가니 삼삼오오 모여있는 손님들로 인해 온기가 가득한 공간이 한눈에 들어왔다. 다크 그레이의 노출 천장과 화이트 벽을 배경으로 블랙, 그레이, 우드 톤 가구를 적절히 배치하여 모던하면서도 팬시한 느낌이 났다. 스피커에서 흘러나오는 적당한 울림이 있는 음악은 이곳과 하나가 된 듯했다 '아이덴티티커피랩'은 '커피의 정체성'을 탐구하는 공간으로 단순한 카페를 넘어 로스터리로서의 역할이 굉장히 강하며, 원두가 가진 고유의 향미를 가장 깨끗하고 선명하게 추출해 내는 데 진심인 곳이다. 2018년, 효창공원 근처의 아주 작고 아담한 매장에서 시작되었고 망원동, 홍제동 시기를 지나 현재 서교동(홍대/망원 인근)으로 자리를 옮겨 운영중이며 경기도 시흥에 대규모 로스팅 센터를 별도로 운영할 만큼 제조업 기반의 탄탄한 커피 회사 성장을 하고 있는 중이다.

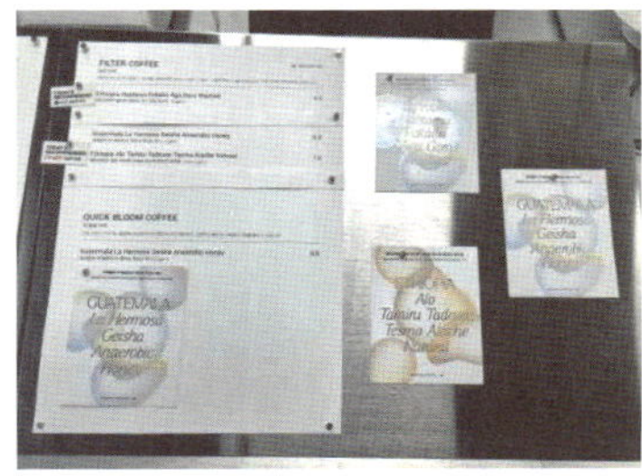

메뉴는 크게 에스프레소, 베버리지, 필터 커피, 퀵 불룸 커피로 구성되어 있다.
에스프레소 메뉴는 블렌드인 키치와 미드 센추리 중에서 선택할 수 있다.
필터 커피에는 다음과 같은 3종의 싱글 오리진이 준비되어 있다:
에티오피아 합타무 페카두 아가 고로 워시드, 과테말라 라 에르모사 게이샤 무산소 허니,
에티오피아 알로 타미루 타데세 테스마 알라치 내추럴.
비스코티, 바나나 브레드, 초코 호두 르뱅 쿠키가 디저트로 준비되어 있다.

.필터 커피 레시피
오레아 드리퍼를 사용하여 원두 16g에 물 260g을 여러 차례에 걸쳐 푸어링하여 커피를
추출했다.
추출 도중에 멜로 드립을 사용했는데, 이는 커피 침전층을 흐트러뜨리지 않고 물을 부드럽게
빠르게 통과시키며 미분이 필터를 막는 현상을 줄여주어 결과적으로 깨끗한 맛의 커피를
추출할 수 있게 한다.

.필터 커피 (에티오피아 알로 타미루 타데세 테스마 달라치 내추럴)
컵에서부터 흘러나오는 재스민 향을 느낀 후 부드러운 멜론의 질감과 함께 연한 키위 산미,
순한 단맛, 티의 쌉싸름함이 어우러져 연한 듯하지만 단단히 마무리하여 깨끗한 맛으로 커피가
완성되었다.

.에스프레소 (Kitsch)
진한 다크 초콜릿이 블렌딩된 밀크 초콜릿에 견과류가 섞인 듯한 쓴맛, 고소함, 단맛,
부드러움이 함께 어우러진 맛이 입안에서 맴돌았다.

23 존스몰로스터리

서울 마포구 토정로25길 12 코너매장
https://www.instagram.com/john.smallroastery

대흥역 3번 출구에서 나와 10분 정도 지도를 따라 가다 보면 나오는 어느 골목으로 들어서면
'존스몰로스터리'를 만날 수 있다. 타일로 된 벽과 간판도 없는 외관은 동네에 있을 법한
자연스러운 느낌 그대로였다. 문을 열고 들어가니 바로 커피 바가 눈에 들어오는 아담한
공간이 나타났다. 오래된 사무실 느낌의 바닥, 노출된 천장을 배경으로 밝은 톤의 목재 가구가
배치되어 있었고 벽 쪽으로 난 전면 창으로 인해 편하면서도 밝은 느낌이 그대로 전달됐다.
스피커에서 나오는 울림 있는 사운드는 이곳의 밝은 분위기에 약간의 무게감을 더해 주어
이곳만의 독특한 분위기를 만들고 있었다. 이곳은 직접 로스팅을 하는 카페로, 사장님 이름인
존을 넣어 '존스몰로스터리'가 되었다고 한다. 7년 전부터 운영을 해왔고 원두 납품 위주였어서
카페 운영은 상대적으로 적은 편이며, 지금의 공간을 좀 더 확장시킬 계획을 가지고 있다고
한다.

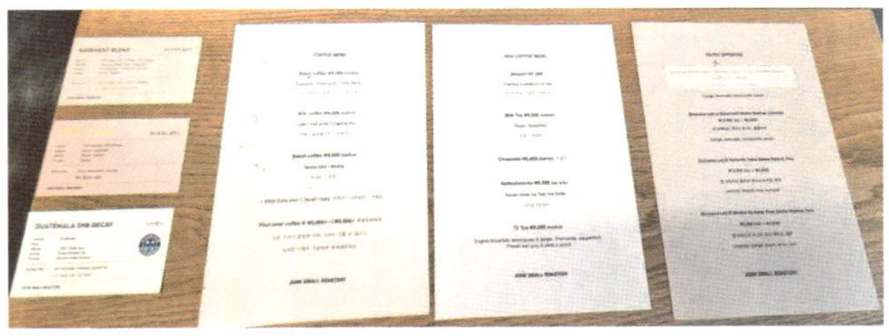

메뉴는 블랙, 밀크, 스위트, 푸어오버가 포함된 커피 메뉴와 디저트, 밀크티, 초콜릿,
리프레시먼트, T2 티가 포함된 논커피 메뉴로 구성되어 있다.
디저트에는 피스타치오를 얹은 티라미수가 있다.
에스프레소로 만드는 커피 메뉴에는 베이스먼트 블렌드, 에스프레소 블렌드, 과테말라 SHB
디카페인 원두가 준비되어 있다.
이날 필터 커피로는 다음과 같은 싱글 오리진 3종기 준비되어 있었다:
라 보헤미아 게이샤 워시드 콜롬비아, 엘 로메리요 율리샤 게이샤 내추럴 페루, 엘 미라도르
데 산타 로사 게이샤 페루

.필터 커피 레시피
하리오 V60 메탈 드리퍼를 사용하여 원두 15g에 둘 250g (16.7:1)을 수차례 푸어링하여
커피를 추출했다.

.필터 커피 (엘 미라도르 데 산타 로사 게이샤 페루)
첫 모금에 피치 향과 그린 허브 향이 섞인 듯한 복합적인 향이 올라왔고, 순한 산미와 신선한
단맛이 바로 이어져서 가볍지 않으면서도 깔끔하게 마무리되었다.

.에스프레소 (에스프레소 블렌드)
베리류의 상큼한 산미와 과일즙이 섞인 듯한 깔끔함이 있었고, 산미가 집중되어 처음에는 톡
쏘는 맛이 느껴졌지만 식을수록 사라지면서 안정감을 되찾았다.

.피스타치오 티라미수
보기에도 예쁜 티라미수는 럼 향이 기분 좋게 나는 에스프레소를 머금은 촉촉한 케이크와
부드러운 크림, 코코아 파우더가 함께 조화를 이루는 맛으로 부드럽게 입안으로 들어왔고,
고소한 피스타치오와 카카오 닙스의 바삭한 식감이 추가되어 기분 좋게 마무리했다.

24 콤파일

서울 마포구 잔다리로 73 1F
https://www.instagram.com/01compile

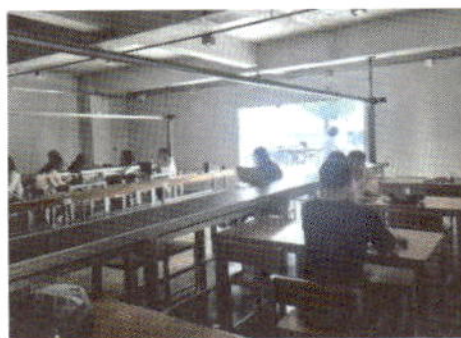

합정역 2번 출구에서 나와 대로변을 따라 걷다가 좌회전하여 작은 도로 쪽으로 들어서서
10분쯤 가다 보면 길가의 흰 건물에서 '콤파일'을 볼 수 있다. 어둑해 보이는 유리문을 열고
들어가니 노출된 시멘트 바닥과 잘 마감된 흰색을 배경으로 나무로 된 가구들이 두 줄의
레일을 따라 가지런히 놓인 모습으로 모던하면서도 빈티지한 느낌을 동시에 자아냈다. 한편
스피커에서 흘러나오는 울림이 있는 피아노 음률은 이곳을 사이버틱한 공간으로 만들고
있었다.
'고객의 입력값을 우리의 언어로 번역해 송신하는 과정을 레일을 통해 공간적으로 표현한 곳'
콤파일이었다.

메뉴는 크게 커피, 버터 블록, 티, 아더로 구성되어 있다. 딸기 크림 크래커를 모티브로 만든
시그니처 크림 커피가 있다. 에스프레소 메뉴는 블렌드인 와이니 베리와 버터리 중에서 원두를
선택할 수 있다.
드립 커피는 다음 5종의 싱글 오리진 중에서 선택할 수 있다.:
콜롬비아 후일라 디카페인 슈가케인, 브라질 파시날 내추럴, 르완다 부산제 워시드, 에티오피아
시다마 아르베고나 내추럴, 콜롬비아 핀카 엘 파라이소 리치 무산소 워시드

커피와 어울리는 디저트로 버터바가 준비되어 있다:
초코크런치, 고구마무스, 프랄린피칸, 산딸기코코넛 바나나브륄레, 시나몬약과

.드립 커피 레시피
핫 드립 커피를 만들 때는 하리오 메탈 드리퍼를 사·용하여 원두 20g에 물 260g을 여러 차례
나누어 푸어링하여 커피를 추출한 다음, 물 40g을 추가하여 완성한다.

.드립 커피 (에티오피아 시다마 아르베고나 내추럴)
라벤더 향과 약간 강한 느낌의 블랙 티 쌉쌀함이 첫 느낌으로 다가올 즈음, 산뜻한 살구의
질감과 땅콩 캐러멜의 고소한 달콤함이 더해져 맛을 완성하였다.

.바나나 버터 블록
바삭한 도우, 달콤한 바나나 무스, 버터 향이 강한 케이크가 차례로 입안으로 들어와 강렬함을
전달했고 부드럽고 담백한 바나나 조각이 맛을 진정시켰다.

서울 마포구 와우산로29다길 11-1 지1층
https://www.instagram.com/tremorcoffeeworks

  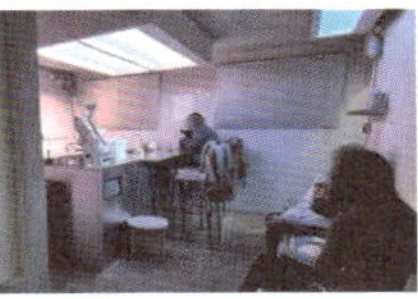

홍대입구역 8번 출구에서 나와 8분 정도 가다 보면 나오는 한 골목에서 이곳을 찾을 수 있다.
일반 주택의 대문 같은 문 안으로 쭉 들어가니, 안의 모습이 살짝 비치는 유리문으로 된
입구가 나왔다. 그 위에는 금색으로 'TREMOR COFFEE WORKS'라고 쓰여 있어 이곳이
카페임을 알려주었다. 실내는 테이블 하나와 작은 바가 놓인, 좁다는 표현이 어울릴 만한
아담한 공간이었다. 회색 톤의 공간과 메탈 재질의 바 위를 천장의 큰 등에서 나오는 빛이
은은하게 비추고 있었고, 스피커에서는 울림 있는 음악이 잔잔하게 흘러나와 작은 소극장에
들어온 듯한 착각을 불러일으켰다. 여사장님 혼자 손님을 응대하고 있었는데, 3년 반 정도
영업을 이어가고 있으며 스페셜티 커피를 주로 다룬다고 한다. '완벽한 한 잔의 커피가 고객의
하루를 완성해 준다고 믿습니다.' 라는 '트레머 커피웍스'

 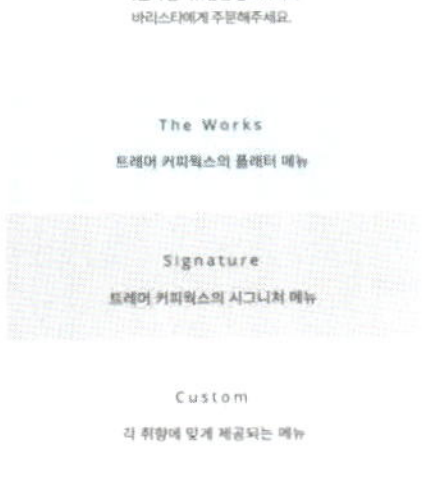

메뉴는 크게 The Works, Signature, Custom의 세 가지 카테고리로 분류되어 있다.
The Works는 플래터 메뉴로 핸드 드립 커피, 퀸 온 더 루프, 아포가토가 제공된다.
Custom의 경우에는 11가지 원두 중에서 선택한 다음에 블랙, 화이트 중에서 선택하면 된다.
준비된 원두는 다음과 같다:
크리스마스 블렌드, 에티오피아 게샤 빌리지 수르마 모스토 애너로빅 허니, 엘살바도르
수단루메 언에어로빅 허니, 콜롬비아 포토시 드라곤즈 내추럴, 에티오피아 시다마 벤사 하마쇼
G1 내추럴, 콜롬비아 스트로베리잼, 콜롬비아 산추아리오 티피카 워시드, 콜롬비아 산타 로사
에이프릴 피치, 에티오피아 예가체프 G1 아리차 우탄치 워시드, 브라질 세르타오지뇨 펄프드
내추럴, 브라질 스위스 워터 (디카페인)

.핸드드립 커피 레시피
하리오 스위치 드리퍼를 사용하여 원두 17.5g에 물 250g을 (약 1:14.28) 푸어링과 스월링을
하고 3분 30초 침지한 후에 커피를 추출한다고 한다.

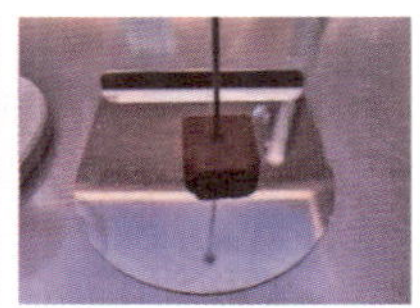

.핸드드립 (엘살바도르 수단 루메 언에어로빅 허니)
티의 쌉싸름함이 짙은 시럽에 담겨 있는 듯한 향미에 약간 숨 죽은 듯한 베리류의 산미를가
드러났다. 부드럽고 깨끗한 맛이었고 특별히 강한 향이 나지 않아서 마시기 편했다.
흰 꽃이 연상되는 맛이란 설명이 있었다.

.아포가토
콜롬비아 스트로베리 잼 커피로 만든.아포가토는 아이스크림에 커피가 가진 딸기향과 쏩쏠함이
더해져 독특하면서도 고급스러운 아이스크림 맛을 만들었다.

서울 마포구 신촌로2길 5-14 1층
https://www.instagram.com/tealroasters

홍대입구역 6번 출구에서 나오면 경의선 숲길이 바로 보이고, 그곳에서 3분 정도 가면 나오는 골목에서 '틸로스터스'를 만날 수 있다. 짙은 회색 프레임을 가진 외관에서부터 무게감을 느끼며 실내로 들어갔다. 문 앞 테라스에 테이블 몇 개가 놓여 있어서 요즘같이 야외 활동하기 좋은 시기에는 소소한 동네 분위기를 느끼면서 이곳에서 커피 한잔해도 좋아 보였다. 흰색 배경에 다크 브라운 바닥과 가구가 어우러진 실내는 작은 갓 전등에서 흘러나오는 노란 불빛을 여리게 받으며 빈티지하면서도 클래식한 느낌을 자아내고 있었다. 오래돼 보이는 스피커에서 흘러나오는 음악은 편안함에 고즈넉함까지 더해주고 있는 듯했다. 브랜드 빵집 아티제를 만드는 데 직접 참여하기도 했던 사장님은 이곳 인테리어의 상당 부분을 직접 하기도 했다고 한다. 공간 한쪽 구석에 설치되어 있는 프로밧 로스터기로 직접 로스팅을 하는 로스터리 카페이다.

메뉴는 크게 커피, 논커피, 디저트로 구성되어 있다.
싱글 오리진인 온두라스 엘 나리뇨, 에티오피아 콩가 G1, 디카페인 콜롬비아 중에서 원두를
선택해서 에스프레소, 블랙, 라떼, 오트 밀크 메뉴 주문이 가능했다.
필터 커피를 위해서는 다음과 같은 4종의 싱글 오리진이 준비되어 있다:
에티오피아 시다마 루무다모 케벨레 아르베고나 우레다 내추럴, 에티오피아 예가체프 콩가
G1 내추럴, 코스타리카 히든 셀렉션 퍼플 블라썸, 콜롬비아 디카페인 후일라 엑셀소
디저트로는 이곳에서 직접 만근 클래식 티라미수와 시나몬 롤이 준비되어 있다.

.필터 커피 레시피
하리오 V60 동 드리퍼를 사용하여 원두 18g에 물 250g을 여러 차례 나누어 푸어링하여
추출한 다음, 30g 정도 가수를 하여 커피를 완성한다고 한다.

.필터 커피 (에티오피아 시다마 루무다모 케벨레 아르베고나 워레다 내추럴)
패션 후르트 (또는 라벤더)의 향기로움과 블랙 티의 쌉싸름함이 무게감 있게 다가왔고 사과의
질감과 산미, 황설탕의 진득함이 뒤를 이었다. 여러 가지 향미가 녹아있는 묵직한 커피였다.

.로랜드 라떼
산미가 있는 응축된 에스프레소의 맛을 느낀 다음에 바나나 향과 바닐라 아이스크림 같은
여러 향이 복합적으로 느껴지는 아이스 라떼 음료로 담백한 맛이었다.

서울 마포구 성지길 58 1층, 지하1층
http://www.instagram.com/pastelcoffeeworks

합정역 7번 출구에서 나와 다양한 음식점들이 줄지어 있는 조금 넓어 보이는 골목으로
들어서서 7분쯤 가다 보면 하얀 건물에 노란 불빛이 새어 나오는 곳에서 'PASTEL COFFEE
WORKS'라고 쓰여 있는 것을 볼 수 있었다. 문을 열고 들어서니 밖에서 봤던 노란 불빛
아래에 노출된 시멘트 바닥과 천장을 배경으로 밝은 톤의 원목 가구들이 배치되어 있는
빈티지하면서도 화사한 공간이 나타났다. 이곳은 1층에서 주문하고 만들어진 음료를 가지고
지하로 내려가 마실 수 있는 공간이 마련되어 있다. 역시나 시멘트가 노출된 공간에 밝은 톤의
나무 의자와 검은 작은 원형 테이블이 배치되어 있고, 노란 불빛과 스피커에서 흘러나오는
은은한 재즈풍의 피아노 음률이 이곳을 은밀한 아지트로 만들고 있는 듯했다. 2011년에
오픈한 '파스텔커피웍스'는 로스팅, 추출 전문가들이 모여 만든 커피 전문 브랜드이다.

메뉴는 크게 에스프레소, 필터, 레전드, 콜드브루, 드링크로 구성되어 있다. 에스프레소 메뉴는 블렌드 '다크나이트'와 '슈가롤' 중에서 선택할 수 였다.
드립 커피는 몇몇 품절된 커피를 제외한 블렌드인 타이거 펀치', '센데로', '소파'와 '페루 빌라 에르모사 게이샤' 중에서 선택할 수 있다.
이곳에서는 직접 구운 쿠키, 바스크 치즈케이크, 파이 스콘, 시나몬 바브카, 바나나 브레드가 디저트로 준비되어 있다.

.드립 커피 레시피
하리오 스위치 드리퍼를 사용하여 원두 16.5g에 물 210g을 푸어링하여 침지시킨 후, 1분 40초 후에 스위치를 열고 스틱으로 저으면서 커피를 추출한다는 설명이 있었다.

.드립 커피 (SOFA(소파))
레몬의 산미와 견과류의 고소함이 오묘하게 조화를 이루고 있고, 슈가케인의 신선한 단맛이 뒤를 받쳐주어 전체적으로 깔끔한 맛이었다.
- 볼리비아와 콜롬비아 블렌딩

.카페라떼
부드러운 우유 거품의 고소함으로 시작해서 초콜릿과 쿠키의 뉘앙스가 뒤따라왔고 신선한 단맛으로 마무리되었다.
약간 진하면서도 편하게 마실 수 있는 라테였다.
과테말라와 볼리비아가 블렌딩된 'DARK NIGHT'로 만들어졌다.

서울 마포구 포은로8길 32 1층
http://www.instagram.com/portrait_coffeebar

망원역 2번 출구에서 나와 8분쯤 가다 보면 망원시장 입구 옆 건물 1층에서
'포트레이트커피바'를 볼 수 있다. 그린으로 크게 쓰인 'PORTRAIT COFFEE BAR' 간판 아래에
놓인 의자들과 작은 테이블 위에 놓인 아담한 식물들은 입구에서부터 '편안히 쉬어가세요'라고
말하고 있었다. 전면 유리문을 통해 어느 정도 보인 실내는 제법 널찍한 공간으로 노출된
화이트 배경에 각기 다른 모습의 나무 재질 가구들을 배치해 놓은 모습으로 덜 다듬은 듯한
가구들, 천천히 돌아가는 실링팬, 비트가 있지만 멀리서 들리는 듯한 사운드 등이 어우러져
자연스러운 편안함을 그대로 드러내고 있었다. 이 공간에서 음료와 함께 시간을 보내는
손님들의 여유로운 모습들도 이 공간에 녹아들어 하나가 된 듯한 풍경을 만들고 있었다.
'여유로운 공간, 포트레이트커피바에서 맛있는 커피와 디저트를!'

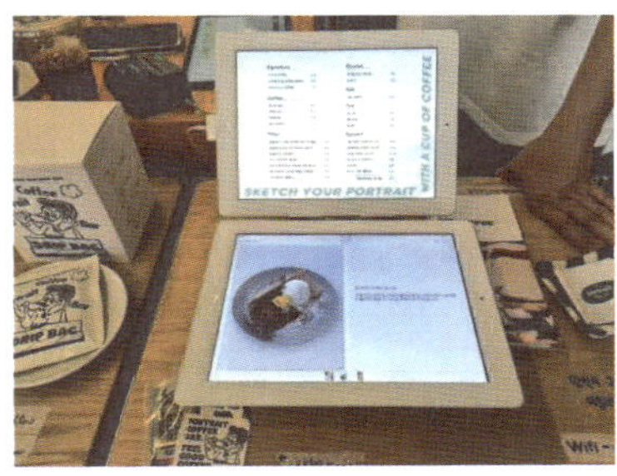

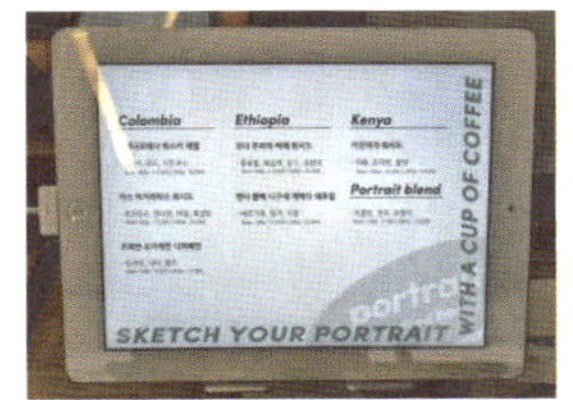

메뉴는 크게 시그니처, 커피, 알코올, 에이드, 티, 디저트로 구성되어 있다.
필터 커피에는 다음과 같은 7종의 원두가 준비되어 있다:
콜롬비아 시에나모레나 위스키 배럴, 콜롬비아 라스 마가리타스 워시드, 콜롬비아 포파얀
슈가케인 디카페인, 에티오피아 보나 주리아 바레 워시드, 벤사 봄베 니구세 게메다 내추럴,
케냐 키린야가 워시드, 포트레이트 블렌드
디저트로는 얼그레이 프렌치토스트, 땅콩버터 프렌치 토스트, 잠봉 프렌치토스트, 피스타치오
티라미수, 티라미수, 바스크 치즈 케이크가 준비되어 있다.

.필터 커피 레시피
핫 커피인 경우에는 하리오 V60 드리퍼를 사용하여 원두 18g에 물 230g을 푸어링하고 가수
70g을 하는 방법으로 총 300g의 물(1:16)을 사용하여 커피를 추출한다고 한다.

.필터 커피 (케냐 키린야가 워시드)
풋풋한 그린 토마토 향과 산미에 견과류의 고소함이 석인 듯한 맛을 첫 모금에서 느낄 수
있었고, 슈거 케인의 은은한 단맛이 뒤이어 올라왔다. 매콤한 향도 살짝 느낄 수 있었다.

.코코넛 비엔나 (아이스)
크림을 스푼으로 떠서 먹다가 나중에 섞어 먹으라는 설명이 있었다.
달콤하고 꾸덕꾸덕한 크림에서 코코넛 향을 느낄 수 있었고, 진한 단맛의 크림을 충분히 즐긴
다음에 섞어 마시니 단맛이 많이 중화된 진한 크림 라떼가 입안으로 들어왔다.

29 피피커피

망원역 2번 출구에서 나와 지도 앱을 따라 13분 정도 여러 골목을 지나가다 보면 한 도로변에 위치한 이곳을 만날 수 있다. 바랜 붉은 차광막에 쓰인 '피피 커피'는 이곳의 업력을 말해주는 듯했다. 실내로 들어서니 직사각형 공간에 오른쪽은 바, 왼쪽은 좌석이 있는 구조로, 빈티지 콘셉트가 아닌 세월의 흔적이 고스란히 담긴 그 자체의 공간이 나왔다. 라디오 FM 방송에서 흘러나오는 팝송은 이곳 분위기에 녹아들어 정겨움을 더해주었다.

PP COFFEE (피피 커피)는 필리핀 커피의 약자라고 한다. 이곳 사장님은 2001년에 필리핀 보홀에 커피 농장을 꾸렸고, 2003년에 피피커피 매장을 열었으며, 2014년부터 빈투바 초콜릿을, 2022년부터는 직접 재배한 땅콩을 수확하여 땅콩 초콜릿을 만들기 시작했다고 한다.

핸드드립에는 이곳에서 직접 로스팅한 다음과 같은 원두들이 준비되어 있다:
피피커피, 고소커피, 무거운 커피, 과테말라, 에티오피아 시다모 내추럴, 첼바 내추럴, 코케허니, 케냐, 예가체프 워시드, 르완다, 슈프리모 허니 무산소, 에티오피아 게이샤, 디카페인, 콜롬비아 나리뇨, 탄자니아 킬리만자로
필리핀 자국 내에서 원두 수요가 많기 때문에 현자는 이곳 농장에서 생두를 들여오지는 않는다고 한다.
냉장고 쇼케이스에는 카카오 100% 빈투바 초콜릿, 빈투바 초콜릿, 빈투바 땅콩 초콜릿, 바나나 칩, 콜드브루가 진열되어 있다.

.융 드립 레시피
융 드리퍼를 사용하여 진한 맛으로 할 경우, 원두 40g(순한 맛은 30g)을 사용해 여러 차례에 걸쳐 빠르게 드립하여 커피를 추출했다.

.핸드드립 (케냐)
토마토와 오렌지의 상큼한 산미가 진한 커피를 뚫고 올라왔고, 사탕수수를 달인 듯한 순한 단맛이 더해져 독특한 하모니를 이루고 있었다.
40g의 원두를 사용하여 융드립으로 내린 커피임에도 무겁거나 텁텁함이 없었다.

.빈투바 땅콩 초콜릿
간간이 땅콩 조각이 씹히는 초콜릿은 새콤한 산미와 카카오의 맛이 풍부한, 약간은 투박하지만 친근함이 느껴지는 맛이었다.

서울 서대문구 연희로25길 66 지층
https://www.instagram.com/threeoclock__/

연희동 자치 회관 버스 정류장에서 내려 골목이라고 하기엔 다소 큰 작은 도로를 따라 5분 정도 가다 보면 '쓰리 어클락 연희'를 만날 수 있다. 검은 외벽에 골드 컬러로 쓰인 'THREE O'CLOCK'은 몇 발자국 전부터 그 포스가 느껴졌다. 유리로 된 전면 문을 열고 들어가니 노출된 천장과 원목 바닥을 배경으로 다크 브라운 계열의 원목 가구들이 배치되어 빈티지하면서도 클래식한 공간을 만들고 있었다. 벽에 부착된 큰 스피커에서 느리게 흘러나오는 크리스마스 캐럴은 마치 시간의 자국이 묻어 있는 외국의 한 로컬 카페에 들어와 있는 듯했다. 이곳은 로스터리이자 베이커리 카페로, 직접 베이킹을 하는 공간이 따로 마련되어 있어서 전문 파티시에의 디저트와 숙련된 전문 바리스타들의 커피를 맛볼 수 있다.

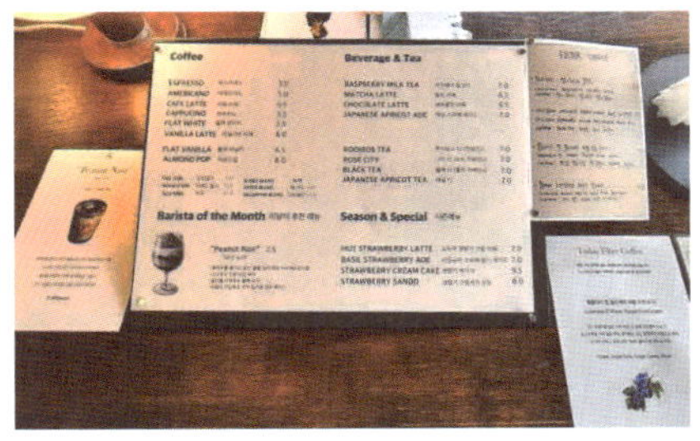

메뉴는 크게 커피, 베버리지 & 티, 시즌 메뉴, 이달의 추천 메뉴로 구성되어 있고 필터 커피
메뉴판은 따로 분리되어 있었다.
필터 커피에는 4종의 원두가 준비되어 있다.
- 크리스마스 딸기 위스키 블렌드, 에티오피아 예가제프 아리차 에이미 워시드 허니 PG1,
콜롬비아 엘 플라세르 퍼플 프룻 허니, 콜롬비아 히든 셀렉션 비비드 핑크 버번.
생딸기 크림치즈 산도, 트리플 초콜릿 케이크, 티라디수, 딸기 생크림 케이크, 레몬 커드
케이크, 콘마요 타르트, 고구마 타르트, 초코 타르트, 플레인 에그 타르트, 시나몬 스콘, 플레인
스콘, 솔티드 카라멜 스콘, 살구잼 스콘, 초콜릿 스콘, 앙버터 스콘이 디저트로 준비되어
있습니다.

.필터 커피 레시피
하리오 V60 드리퍼를 사용하여 원두 19g에 여러 차례에 걸쳐 물 270g (1:14.2)
을 푸어링하여 커피를 추출한다.

.필터 커피 (크리스마스 블렌딩)
딸기 향과 카카오닙스의 드라이함이 직관적으로 느껴졌고 베리류의 산미와 깊은 단맛이
이어서 이어갔고 럼 향으로 마무리했다.
콜롬비아 인퓨즈드 커피 2종을 블렌딩한 커피로, 스트로베리는 산미를 럼은 단맛을 담당한다고
했다.

.앙버터 스콘
적당한 촉촉함과 포슬거리는 식감을 가진 스콘과 고소하고 달콤한 팥 앙금, 버터와의 조합이
좋았고 은은한 계피 향으로 마무리했다.

서울 서대문구 연희로 109 2층
http://instagram.com/protokoll.roasters

버스 정거장 연희 교차로에서 내려 도로변을 따라 9분 정도 가다 보면 나오는 한 건물의 벽에 걸려 있는 'PROTOKOLL'이라는 표지판이 이곳을 알리고 있었다. 계단을 따라 2층으로 올라가 전면이 유리로 된 문을 열고 들어가니 노출된 시멘트 천장과 낡은 듯한 바닥을 배경으로 밝은 톤의 원목과 검은색이 적절히 섞인 가구들이 배치된 빈티지하면서도 세련된 공간이 나타났다. 스탠드가 놓인 테이블들이 일렬로 배치된 모습이 도서관을 연상시키는가 하면, 자료보관함같이 생긴 가구들을 실내 공간 곳곳에 배치해 놓아서 마치 오래된 자료실에 들어온 듯한 묘한 매력을 발산하고 있었다.

"프로토콜 (PROTOKOLL)은 당신의 모든 시간에 즐길 수 있는 커피를 취급하는 로스터리로서 로스팅 프로파일과 제공되는 추출 레시피를 모두 기록합니다."

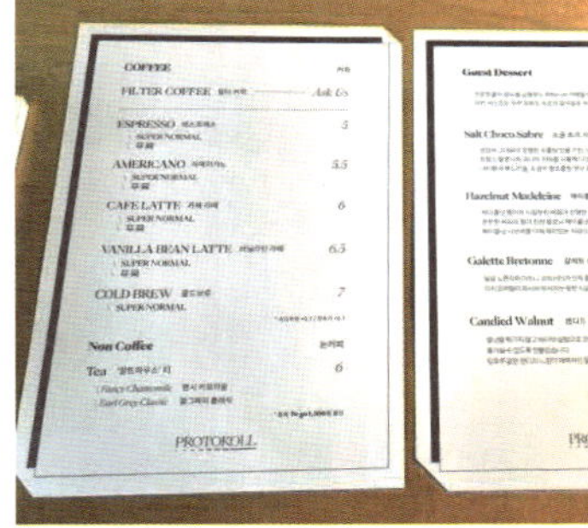

메뉴는 커피, 논커피, 게스트 디저트로 구성되어 있다. 에스프레소 메뉴는 블렌드 '슈퍼 노멀'과 '푸룻' 중에서 원두를 선택할 수 있다.

필터 커피에는 다음과 같은 6종의 원두가 준비되어 있다:

슈퍼 노멀, 푸룻, 에티오피아 시다마 벤사 봄베 에이미 G1 내추럴, 케냐 티리쿠 AA 워시드, 콜롬비아 엘 엔칸토 핑크 버번 허니 드래곤 아이, 클롬비아 포파얀 슈가케인 디카페인

프로토콜의 원두를 납품받는 파트너 카페들의 디저트를 소개하는 '게스트 디저트' 프로젝트를 진행하고 있다고 한다. 이번 게스트는 강원도 속초에 위치한 '하우스커피바'로 준비된 디저트는 다음과 같다:

소금 초코 사브레, 헤이즐넛 사브레, 갈레트 브루통, 캔디드 월넛

.브루잉 추출 가이드

하리오V60 드리퍼를 사용한다. 필터지는 꼭 린싱해 준다.

[HOT] 원두는 18g, 물 온도는 94도를 사용한다. 다음과 같이 물을 부어준다.

(뜸) 40g - (30초) 100g - (1분) 80g - (1분 30초) 80g. 총 300g의 물을 사용하며, 대략 2분 30초 내외로 추출이 완료된다. - 프로토콜 가이드

.필터 커피 (케냐 티리쿠 AA 워시드)

쌉쌀하면서도 새콤한 자몽의 뉘앙스가 깊고도 주시한 단맛과 만나 기분 좋은 맛을 만들었고, 뒤따라오는 플로럴함과 너티함이 맛에 무게감을 더해주었다. 깨끗한 맛의 자몽 차를 따뜻하게 한 잔 마신 듯했다.

.카페 라떼

다크 초콜릿의 쓴맛과 깊은 단맛을 가진 커피가 우유와 만나 진한 밀크 초콜릿 같은 맛으로 무겁지 않고 신선한 맛이었다. 블렌드 슈퍼 노멀: 브라질, 콜롬비아, 인도네시아

서울 서초구 사평대로55길 29 1층
http://instagram.com/doppio_roastery

논현역 4번 출구에서 나와 12분 정도 큰 도로변을 따라가다 한 골목으로 들어서면 '도피오 로스터리'를 볼 수 있다. 실내는 원목으로 된 바닥과 테이블, 그리고 정면으로 보이는 바 주변에 놓인 많은 원두와 도구들이 자연스러운 모습으로 정돈되어 있었고 마치 일본의 어느 전통 커피집에 들어온 듯한 편안함이 있었다. 바 맞은편의 전면으로 난 창들로 인한 개방감이 있었고, 천장에 달린 여러 개의 등에서 나오는 노란 불빛으로 따뜻함이 더했다. 곳곳에 놓여 있는 생두 포대들과 선반 위에 가지런히 진열되어 있는 원두 통들, 원두 팩들, 그리고 벽에 걸려있는 몇몇 커피 대회 수상 상패들이 이곳이 실력 있는 로스터리 카페임을 말해주는 듯했다.

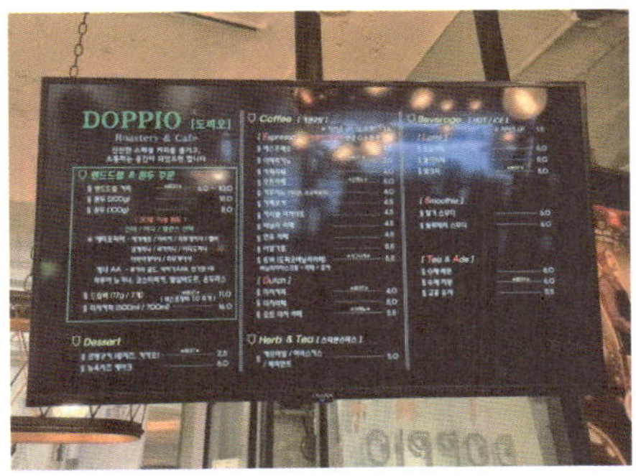

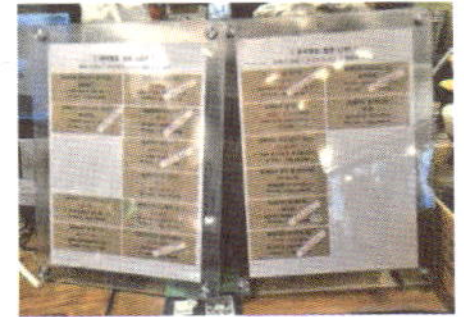

메뉴는 크게 핸드드립, 커피, 허브 앤 티, 베버리지, 디저트로 구성되어 있다.
핸드드립 커피 메뉴판이 따로 있었지만 이보다는 선반에 진열된 20종 이상의 원두에서
선택하면 된다고 한다. 직원분이 손님의 취향에 따라 원두를 추천해 주는 방식이었다.
디저트로는 르뱅 쿠키와 뉴욕 치즈 케이크가 준비되어 있다.

.핸드드립 레시피
하리오 V60 드리퍼를 사용하여 원두 30g에 170~180g의 커피를 추출하고, 70~80g의 물을
추가하여 커피를 완성한다.

.핸드드립 커피 (에티오피아 아바야 게이샤)
분쇄된 원두에서 달콤한 과일 캔디 향이 났고, 첫 모금에 씁쓸한 티와 그에 걸맞은 산미와
단맛이 균형을 이루며 구수하면서도 부드럽게 이어졌다.

(에티오피아 물루게타 문타샤)
조금은 밝은 산미와 함께 대추의 질감이 느껴지는 까끗한 맛이었다.

(콜롬비아 호세 메네세스 허니리치)
첫 모금에 발효된 듯한 메주 향이 났고, 부드러운 복숭아 향이 바로 뒤를 이었다.

서울 서초구 방배중앙로 168 1층
https://www.instagram.com/ruber.roastery

방배역 1번 출구에서 나와 16분쯤 가다 보면 작은 도로변에 있는 회색 건물 1층에서 검은 유리로 된 '루베르로스터리'를 볼 수 있다. 그레이와 브라운톤의 컬러 배합에 낮은 조도의 조명을 받고 있는 실내는 제법 넓은 공간이었고, 은은한 안정감을 주고 있었다. 사방 벽을 덮고 있는 대리석에서 뿜어져 나오는 붉은 열정의 좋은 기운이 실내에 감돌며 전달되었다. 스피커에서 나오는 제법 큰 음량의 비트 있는 음악은 이곳에 생동감을 주면서 공간 느낌과 합쳐져 특이한 분위기를 만들고 있었다.

이곳 사장님은 2024 KCRC(Korean Coffee Roasting Championship) 4위 등 여러 로스팅 대회에서 수상 경력이 있는 전문 로스터로, 2024년 4월에 카페를 오픈했다고 한다.

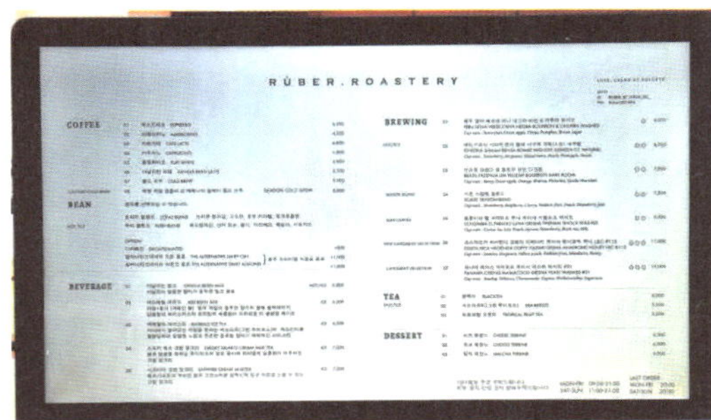

메뉴는 크게 커피, 베버리지, 브루잉, 티, 디저트로 구성되어 있다.
에스프레소 메뉴는 블렌드 '토파즈', '루비' 중에서 원두를 선택할 수 있고, 추가 금액을 내고
디카페인과 아몬드, 오트 밀크로 변경 가능하다.

브루잉 커피에는 다음과 같은 7종의 원두가 준비되어 있다:
페루 셀바 베르데 까냐 네그라 버번 & 카투라 워시드, 에티오피아 시다마 벤사 봄베 니구세
게메다 G1 내추럴, 브라질 파젠다 엄 옐로우 버번 다크룸, 시즌 스칼렛 블렌드, 콜롬비아 엘
파라이소 루나 게이샤 서멀쇼크 워시드, 코스타리카 하시엔다 코페이 이타다키 게이샤
에너로빅 허니 L&C #113, 파나마 체바스 마마코코 게이샤 이스트 워시드 #31.
디저트로는 치즈 테린느, 초코 테린느, 말차 테린느가 준비되어 있다.

.브루잉 레시피
오리가미 드리퍼를 사용하여 원두 19g에 약 1:14 비율로 물 280g을 푸어링하여 커피를 추출하
며, 추출 시간은 2분 20초이다.

.브루잉 커피 (콜롬비아 엘 파라이소 루나 게이샤 서멀 쇼크 워시드)
은은한 풀 내음이 나는 허브 향을 시작으로 슈거 케인의 은은한 단맛, 곱게 간 견과류의 고소함
과 베리의 상큼한 산미가 더해져 부드러우면서도 무게감이 느껴지는 좋은 맛을 만들고 있었다.

.플랫 화이트
산미가 있는 루비 블렌드를 선택하여 플랫 화이트를 주문했다.
부드러운 진한 밀크 초콜릿 속에 견과류와 상큼한 베리, 슈거 케인 시럽이 섞여 있는 듯한 조
화로운 맛이었다.
- 루비 블렌드: 에티오피아 구지 사키소 G1, 에티오피아 예가체프 첼바 G1, 온두라스 미에리쉬
라 알리타

34 스티머스 팩토리샵

서울 서초구 서초대로41길 19 101호
https://www.instagram.com/steamerscoffee

서초역 7번 출구에서 나와 4분 정도 대로변을 따라가다 대법원이 보일 즈음에 한 골목으로 들어서면 바로 '스티머스 팩토리샵'을 볼 수 있다. 한 건물의 1층에 위치한 이곳은 나무들로 둘러싸인 작은 숲속에 있는 듯한 느낌으로 도심 속의 한적함을 연출하고 있었다. 실내로 들어서니 노란 불빛을 받고 있는 넓은 공간에는 규모가 커 보이는 커피 바가 많은 부분을 차지하고 있는 모습이 첫 번째로 눈에 들어왔다. 그 주변에 테이블들이 놓여 있었고, 외벽을 따라 난 격자무늬 창으로 초록빛 주변 풍경이 실내로 들어와 쾌적함을 더했다. 흰색을 배경으로 밝고 어두운 나무 가구들을 적절히 배치하여 안정적이면서도 고급스러운 실내 분위기를 만들고 있었고, 스피커에서 나오는 팝송이 작은 소리로 흘러나와 손님들의 대화나 노트북 작업을 방해하지 않는 분위기였다. 공간의 맨 끝에 블라인드로 가려진 공간은 베이킹 실로, 이곳에서 제공하는 여러 디저트들을 직접 만들고 있다고 한다.
"로컬 사람과 환경에 깊이 스며들며, 커피가 가진 본연의 의미와 가치를 존중해 온 스티머스의 3번째 매장입니다."

메뉴는 크게 에스프레소, 논커피, 브루커피, 티로 구성되어 있고 에스프레소 메뉴는 VOYAGER 시즈널 에스프레소와 OLD NEIGHBOR 클래식 에스프레소 중에서 선택할 수 있다.
브루 커피(필터 커피)에는 4종의 싱글 오리진이 준비되어 있다:
EL CERRO MARCHELL PERU, DIVINA PROVIDENCIA EL SALVADOR, TWAKOK PEAK ETHIOPIA, TWAKOK ETHIOPIA.
이곳에서는 직접 구운 다양한 케이크와 빵들이 디저트로 준비되어 있었고, 샌드위치도 주문이 가능했다.

.필터 커피 레시피
하리오 V60 드리퍼를 사용하여 원두 19g에 물 300g (1:15.7)을 순차적으로 40g, 100g, 90g, 70g 푸어링하여 커피를 추출한다.

.필터 커피 (엘 세로 마르첼 내추럴 페루)
잔 주위에서 플로럴 향을 느낄 수 있었고, 크랜베리의 상큼함과 블랙 티의 쌉싸름함이 어우러지는 맑은 맛이 주시한 단맛과 함께 은은하게 올라왔다. 에스프레소가 들어간 밀크티를 마시는 느낌이었다.

.플랫 화이트
산미가 어느 정도 있는 커피가 라테보다 적은 양의 우유를 만나 부드럽고 진하면서도 산뜻한 커피 우유의 맛을 만들었다.

.바나나 케이크
촉촉하면서도 바나나 향이 은은하게 퍼지는 부드러운 케이크였다.

35 카페모호

양재시민의 숲 역 1번 출구에서 나와 13분 정도 양재천을 가로질러 작은 도로로 들어서면
도로변에 위치한 붉은 벽돌 건물에 있는 '카페모호'를 볼 수 있다. 앞에 펼쳐진 멋진 가로수와
함께 하나의 풍경을 이루며 평온한 모습이었다. 문을 열고 들어가니 유튜브 영상에서 이미
봐서 익숙한 직사각형의 기다란 공간이 나타났다. 노출된 천장과 거친 벽을 배경으로 합판
느낌의 벤치가 전면 유리창을 따라 놓여 있었고, 그 앞에 앉을 수 있는 좌석까지 포함된 긴
바가 놓여 있었다. 주변의 작은 조명에서 뿜어져 나오는 불빛을 받으며 따뜻하면서도
미니멀한 공간을 만들고 있었다. 스피커에서 나오는 둔탁한 느낌의 팝송은 이곳에 여유로움을
더해주는 듯했다.

이곳은 브랜딩 디자이너가 로스팅을 담당하는 디렉터와 함께 공간과 커피에 대한 스토리를
만들어가는 카페라고 한다.

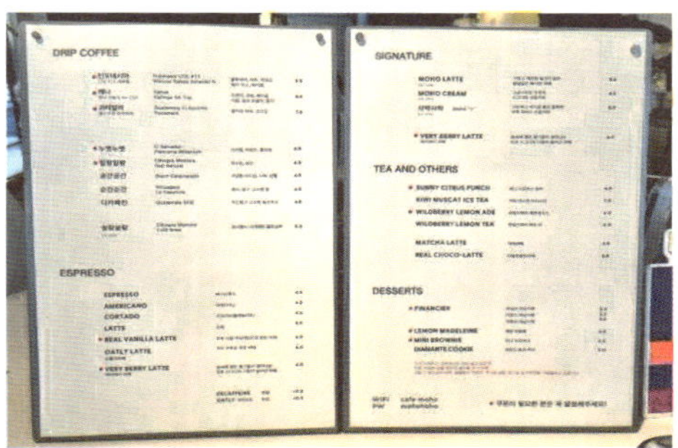

메뉴는 크게 드립 커피, 에스프레소, 시그니처, 티 앤 아더스, 디저트로 구성되어 있다.
에스프레소 메뉴는 오트 밀크와 디카페인으로 변경 가능하다고 한다.

드립 커피에는 다음과 같은 9종의 원두가 준비되어 있다:
인도네시아 (COE #15 내추럴), 케냐 (케냐 키링가 AA TOP), 과테말라 (엘소코로 파카마라),
누엣누엣 (엘살바도르 피에몬테 밀레니엄), 일랑일랑 (에티오피아 모모라 구지 내추럴),
공간공간 (브라질 카라멜라도), 순간순간 (니카라과 라 에스파놀라), 디카페인 (과테말라 SHB),
살랑살랑 (에티오피아 모모라 콜드 브루)

디저트에는 이곳에서 직접 구운 휘낭시에, 레몬 마들렌, 미니 브라우니, 아몬드 쿠키가
준비되어 있다.

.드립 커피 레시피
칼리타 드리퍼를 사용하여 원두 22g에 점 드립을 하여 커피를 완성한다고 한다.

.드립 커피 (과테말라 엘 소코로 파카마라)
새콤한 자두와 쌉쌀한 티가 블렌딩된 맛에 고소한 캐러멜의 진득한 단맛이 더해져 농익은
맛으로 다가왔다.

.모호 라떼
콜드 브루와 우유가 섞여 약간의 달콤함과 향을 가지고 있는 부드러운 아이스 라떼로, 마치
밀크티의 커피 버전 같은 맛이었다.

서울 서초구 반포대로5길 4 성원빌딩 1층
https://www.instagram.com/prefer_coffee

예술의 전당에서 6분 정도 길 따라 내려와 한 골목으로 들어서면 귀여운 동키가 안내하는
'프리퍼(prefer)'를 볼 수 있다. 자동문을 통해 안으로 들어가니 분명 이전과는 다른 모습인데
방금 리모델링한 것 같지는 않은 무르익은 실내 분위기에 손님들의 얘기 소리로 웅성거리는
모습을 볼 수 있었다. 외벽을 따라 난 커다란 창문들로 인해 밝고 환한 느낌의 실내는 흰색을
배경으로 흰색과 밝은 계열의 우드톤 가구들이 적절히 섞여 배치되어 있고, 곳곳에 달려있는
작은 조명에서 나오는 노란 불빛들이 주변을 비추어 따뜻한 분위기를 만들고 있었다. 낮은
소리로 들리는 비트 있는 음악과 계속해서 드나드는 손님들이 이곳에 생동감을 불어넣고 있었다.
프리퍼는 국가대표 우상은 바리스타의 로스터리 카페로, 이곳에서 오픈한 지 7년째다.
서초본점, 평택점, 사랑카페점, 천안점, 이스트소프트점이 있다고 한다. 천안점은 1000평 부지
위에 세워졌다는 바리스타의 설명을 듣고 궁금해졌다.

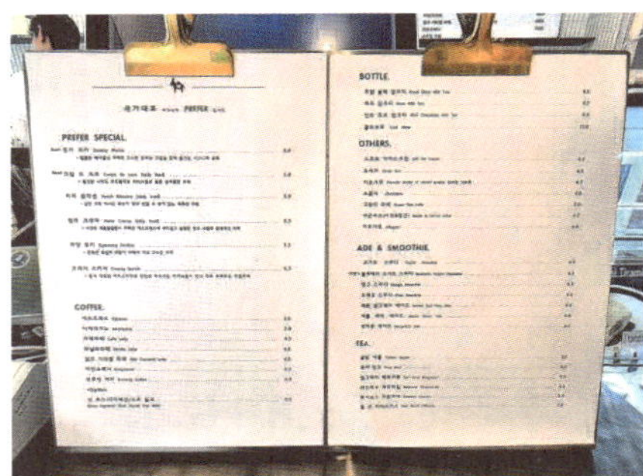

메뉴는 프리퍼 스페셜, 커피, 보틀, 아더즈, 에이드&스무디, 티로 구성되어 있고, 다양한
시그니처 커피 메뉴가 들어 있는 프리퍼 스페셜이 눈에 들어왔다.
에스프레소 블렌드는 레드벨벳과 코드블루가 있고, 브루잉 커피에는 다음과 같은 10종의 싱글
오리진 커피가 준비되어 있다:
과테말라 아구아 티비아 게이샤, 코스타리카 베르데 알토 라 몬타냐, 에티오피아 시다모 벤사
봄베 에이미, 콜롬비아 파라이소92 크랜베리 주스 디카페인, 파나마 핀카 데보라 애프터
글로우, 파나마 아부 게이샤 내추럴, 파나마 엘리다 에스테이트 팔다, 파나마 에스메랄다
스페셜 폰다도르, 파나마 하트만 게이샤 내추럴, 파나마 에스메랄다 프라이빗 컬렉션 자라밀로

베이킹실이 매장 내에 마련되어 있어서 직접 구운 빵, 쿠키, 케이크들을 판매 중이었다:
빨미까레, 쫀득 크림치즈, 두유 치아바타, 고르곤졸라 치즈 바게트, 먹쫀득, 단팥빵, 소보루빵,
먹물 어니언 크림치즈, 소금 버터빵, 앙버터 소금빵, 소시지 페이스트리, 캐슈넛 화이트 초코칩
쿠키, 피칸 초콜릿 쿠키, 크랜베리 마카다미아 초코쿠키, 오레오 쿠키, 빵 스위스, 피칸 크루키,
크루아상, 아몬드 크루아상, 대파 크림치즈 크루아상 등.

.브루잉 커피 레시피
핫 커피의 경우, 하리오 V60 드리퍼를 사용하여 원두 22g에 물 160g을 30g, 90g, 40g 순서로
나누어 푸어링하여 커피를 추출한다. 추출된 커피에 물 100g을 추가하여 완성하며, 추출
시간은 약 2분 40초이다.

.브루잉 커피 (코스타리카 베르데 알토 라 몬타냐)
상큼한 오렌지 산미에 초콜릿의 고소한 쓴맛과 블랙 티의 쌉쌀함이 섞여있는 복합적인 맛에
청량한 설탕의 단맛이 더해진 듯했다. 전체적으로 맛이 깔끔하고 안정적이었다.

.대파 크림치즈 크루아상
버터 맛이 풍부한 크루아상과 달콤한 크림치즈가 만나 풍부한 맛을 냈고, 느끼함이 느껴질
즈음에 통후추 향과 생대파 조각들이 맛을 잡아주었다.

서울 성동구 성수일로12길 18-1 1층
https://www.instagram.com/yesyesyall_

성수역 1번 출구에서 나와 이젠 번화가로 변해 옛 골목 느낌이 아닌 골목을 10분쯤 걷다 보면 전체적으로 검은색 프레임에 주황색 글씨 간판이 붙어 있는 '예셰숄'을 볼 수 있었다. 전면이 유리로 되어 있어서 이미 내부 모습이 예측되었고 안으로 들어가니 생각보다 더 쾌적하고 적당한 크기의 내부 공간이 나왔다. 짙은 회색의 바닥과 흰색 벽을 배경으로 밝은 톤의 우드 바, 블랙 테이블들, 체어들이 넓은 간격으로 배치되어 있고, 은은한 조명으로 이들을 비추고 있어서 모던하면서도 안정된 분위기가 났다. 한편 스피커에서 나오는 적당한 볼륨의 비트 있는 음악은 단조로워 보일 수도 있는 이곳에 활기를 불어 넣으면서 자연스럽게 흐르고 있었다. '이곳은 2020년에 성수에서 시작한 커피 로스터즈'로 업력이 꽤 되는 이곳에서 자리 잡은 카페로 보였다.

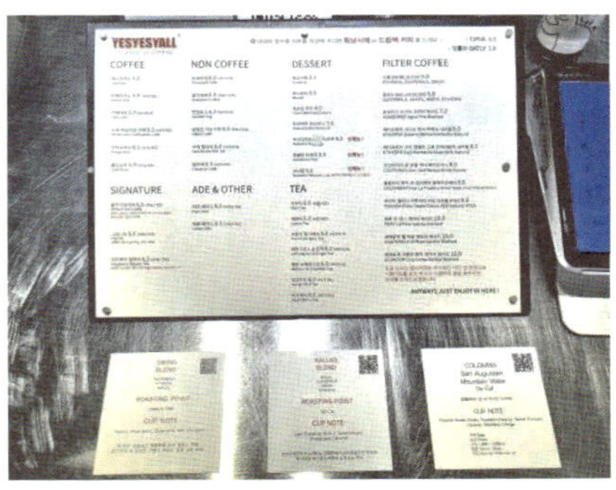
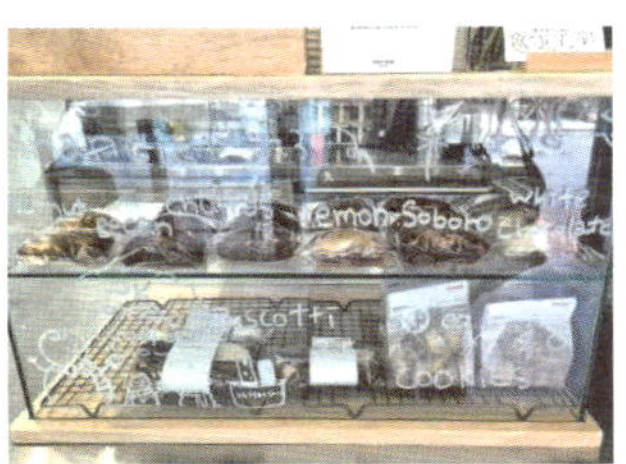

메뉴는 크게 커피, 시그니처, 논 커피, 에이드 앤 O·더, 디저트, 티, 필터 커피로 구성되어 있다.
커피 메뉴는 다음과 같은 3종의 블렌드가 준비되어 있다:
SWING - 달콤함과 청량함이 있는 균형 잡힌 블렌드
BALLAD - 다크 초콜릿과 견과류의 묵직한 바디감디 좋은 블렌드
콜롬비아 산 어거스틴 디카페인

필터 커피에는 다음과 같은 11종의 원두가 준비되더 있다:
스윙, 발라드, 온두라스 아구아 프리아 워시드, 에티오피아 시다모 벤사 하메소 내추럴,
에티오피아 구지 함벨라 고로 언에어로빅 내추럴, 크스타리카 돈 호엘 케냐 화이트허니,
콜롬비아 핀카 라 프라데라 블랙라즈베리, 파나마 델리다 카투아이 ASD 내추럴 #T6D, 페루 라
피나 게이샤 워시드, 과테말라 엘 피날 게이샤 워시드, 에콰도르 크루즈 로마 게이샤 워시드

디저트에는 휘낭시에, 비스코티, 초코칩 쿠키, 피넛터 브라우니, 피스타치오 타르트, 몽블랑
타르트, 보늬밤이 준비되어 있다.

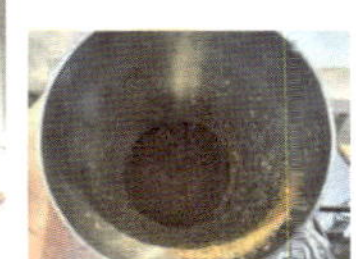

.필터 커피 레시피
하리오 메탈 드리퍼를 사용하여 원두 20g에 뜸 들이기 40g을 포함, 총 4차에 걸쳐 물 300g
(1:15)을 푸어링하여 커피를 추출한다.
초반에는 물줄기를 가늘게 하여 푸어링했고, 뒤로 갈수록 물줄기를 굵게 하여 빠르게
푸어링했다.

.필터 커피 (온두라스 아구아 프리아 워시드)
상큼한 체리를 머금은 듯한 단맛이 블랙 느낌의 쌉싸름함과 어우러진 첫맛이 느껴질 즈음
캐러멜의 단맛이 이어서 올라왔고 거칠지 않은 깔끔함으로 마무리되었다.

.율무크림라떼
연한 갈색을 띤 달콤한 크림에서 고소한 율무 맛을 느낄 수 있었고, 간간이 씹히는 율무
조각이 식감을 더했다. 이어서 그 밑에 있는 커피가 다라와 담백한 라떼 맛을 완성했고,
자극적이지 않고 담백한 맛이었다.

서울 성동구 성수이로6길 11 1층 어페어 커피
http://instagram.com/affaircoffee_

성수역 3번 출구에서 나와 강변 방향으로 17분쯤 가다 보면 나오는 한적한 주택가 골목에서
'어페어커피'를 볼 수 있다. 성수라는 번화가의 이미지와는 상반되게 조용한 곳에 위치해 있어
로컬 카페라는 잔잔한 첫인상을 주었다. 전면이 유리로 된 문을 열고 들어가니 밝고 환한
공간이 한눈에 들어왔다. 노출된 시멘트 바닥과 화이트톤의 주변을 배경으로 밝은 우드톤
가구들을 나지막이 배치하여 거친 듯하면서도 눈에 거슬림이 없었고, 따뜻함이 느껴지는
공간이었다. 스피커에서 흘러나오는 울림 있는 음악은 이곳에 몽환적인 분위기를 더했다.
2019년에 오픈한 '어페어커피'는 성수점과 장충점을 운영하고 있다. 이곳 오너는 직접 원두를
볶는 로스터로서 다양한 스페셜티 커피를 소개하고, 누구나 쉽게 즐길 수 있는 커피를
지향하며 '서울카페쇼'와 같은 대규모 행사에 자주 참여하여 이곳 커피를 알리는 데
적극적이라고 한다. 직접 로스팅한 스페셜티 커피와 라테, 직접 구운 디저트 등이 애호가들
사이에서 호평을 받고 있다고 한다.

메뉴는 크게 에스프레소, 필터 커피, 콜드 브루, 논커피로 구성되어 있다.
이곳의 블렌드인 엄버, 윈터 05, 디카프가 에스프레소 메뉴와 필터 커피를 위해 준비되어 있다.
필터 커피에는 이곳 블렌드와 다음과 같은 싱글 오리진이 준비되어 있다:
온두라스 엘 사나테 카투아이 워시드, 온두라스 구오-스포로 IH 90 워시드, 니카라과 부에노스
아이레스 마라카투라 워시드, 코스타리카 라스 라하스 라 에스페란자 카투라 카투아이 펠라
네그라, 콜롬비아 아루시 워시드, 인도네시아 쁘가싱 내추럴 CM

디저트에는 브라우니, 크랙 쿠키와 무화과 스콘, 버터가 준비되어 있다.

.필터 커피 레시피
하리오 V60 드리퍼를 사용하여 원두 18g으로 150g은 커피를 추출한 후, 100g의 물을
추가하여 최종 1:15의 비율을 맞추어 커피 추출을 완성한다.

.필터 커피 (니카라과 부에노스 아이레스 마라카투라 익시드)
오렌지의 향과 과즙을 느낄 즈음 신선한 사탕수수의 단맛이 합류하여 깔끔한 맛을 만들었고,
우롱차의 부드러운 씁쓸함으로 마무리되었다. 가볍지 갛으면서도 깔끔한 맛이 인상적이었다.

.시나몬 라떼
칼칼한 시나몬 파우더의 맛을 느낄 즈음 시나몬 향이 가득한 달콤한 시럽과 커피, 우유가
어우러져 강렬하면서도 담백한 맛을 가진 라떼가 되어 입안을 맴돌았다.

39 업사이드커피

서울 성동구 연무장13길 3 1층 업사이드
http://instagram.com/up.side_

성수역 3번 출구에서 나와 6분 정도 가다 보면 기존 동네에 큰 건물들이 들어서는 상업 지구 내의 붉은 건물 1층에 '업사이드커피'가 위치해 있다. 이곳의 상징인 '미어캣'이 가까이 갈수록 점점 뚜렷해져 보였다. 주차된 차들 뒤편, 야외에 오픈 좌석이 마련되어 있었고 브라운 톤으로 외관을 단장한 와관이 보였다. 실내로 들어서니 커다란 로스팅실, 그 앞의 커피 바, 그 건너편에 창문을 따라 벤치형 좌석들이 놓인 형태의 제법 넓은 직사각형 공간이 나타났다. 노란 불빛을 받고 있는 낡은 듯한 바닥과 다크 브라운과 화이트 톤의 가구 배치, 경쾌한 팝송 등이 전부 어우러져 빈티지하면서도 편안한 분위기를 만드는 것이 해방촌 때의 카페 분위기와 닮았다는 생각이 들었다. 바 뒤에 있는 제법 규모가 있어 보이는 로스팅실에는 3대의 이지스터가 놓여 있었고, 크기가 15kg, 8kg, 1.8kg(?)이라고 했다.

업사이드커피는 원래 해방촌이 본점이었는데 코로나와 몇 년 전 이태원 사건으로 인해 성수 쪽으로 옮겨왔고 지금은 뚝섬, 을지로, 약수에 지점을 두고 있다고 한다.

메뉴는 크게 시그니처, 에스프레소, 콜드 브루, 리드 티, 시즌, 아더로 되어 있고, 옵션으로
디카페인과 오트사이드 귀리로 변경할 수 있다.
에스프레소 메뉴는 블렌드 fill-up, sunny-side과 싱글 오리진 peru, decaffein 중에서 원두를
선택할 수 있다.
브루잉 커피를 위해서는 다음과 같은 4종의 원두가 준비되어 있다:
라 피나 게이샤 워시드 페루, 엘 벤다발 카투아이 화이트허니 코스타리카, 시다마 니구세
게메다 내추럴 에티오피아, 시다마 벤사 가타 허니 에티오피아.
디저트로 몇 가지 쿠키와 파운드케이크가 준비되어 있다.

.브루잉 커피 레시피
하리오 V60 드리퍼를 사용하여 원두 20g에 1:16 비율로 물 320g을 푸어링해서 커피를
추출했다.

.브루잉 커피 (엘 벤다발 카투아이 화이트허니 코스타리카)
땅콩 캐러멜의 달콤하고 고소함에 레몬의 산미가 추가된 듯한 복합적인 맛이 깔끔하게
이어졌고 맛의 균형이 좋았다.
가공: 화이트 허니

.연무장 플랫
아몬드 브리즈와 시럽이 에스프레소와 어우러져 쌉쌀하면서도 부드럽고 담백한 맛을 만들고
있었다. 마치 달콤한 코코아 음료를 마시는 듯했다.

40 언더워터 커피 로스터스

서울 성북구 고려대로6길 48 2층
https://www.instagram.com/undewatercoffee

2층으로 올라가 유리문을 여니 제법 넓은 공간이 환하게 손님을 맞이해 주었다. 전체적으로
화이트톤 배경에 블랙톤 의자로 포인트를 준 실내는 밝으면서도 따뜻한 느낌이었고,
스피커에서 천천히 흘러나오는 적당한 음량의 음악은 이 공간 안의 물결에 녹아들어 천천히
같이 흐르고 있었다. 실내 가장자리 좌석에서는 성북천을 볼 수 있고, 봄에는 벚꽃을 볼 수
있는 핫 스폿으로 손님들에게 인기가 있어 보였다.
이곳 사장님은 2022 MOC 2nd, 2024 WBB Select 2nd, 2024 MOC 9th에서 수상할 정도로 더
나은 커피를 위해 계속 노력하고 있으며, 직접 로스팅한 원두로 신선한 커피를 제공하여
폭넓고 다양한 스페셜티 커피를 선보이고자 한다고 한다.

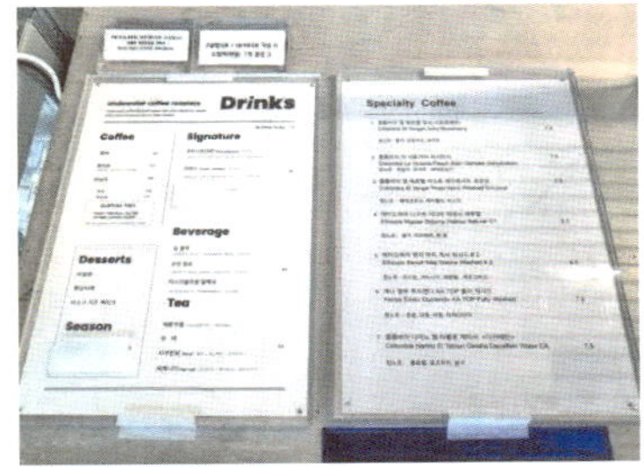

메뉴는 커피, 시그니처, 베버리지, 티, 디저트로 구성되어 있고, 스페셜티 커피는 메뉴판을 따로 분리하고 있다. 이곳에서는 디카페인/콜드 브루/두유/오트 밀크/유당 무첨가 우유를 추가 비용 없이 변경할 수 있다고 한다.
스페셜티 커피에는 7종의 싱글 오리진이 준비되어 있다:
1. 콜롬비아 엘 베르헬 쥬시 스트로베리, 2. 콜롬비아 라 빅토리아 피치리치
3. 콜롬비아 엘 베르헬 이스트 세미워시드 코코넛, 4. 에티오피아 니구세 시다마 하테사 내추럴
5. 에티오피아 벤치 마지 게샤 워시드 #2, 6. 케냐 엠부 쿠시엔다 AA TOP 풀리 워시드

마들렌, 휘낭시에(플레인, 얼그레이, 무화과 크림치즈, 초코스틱), 바스크 치즈 케이크(플레인, 말차) 등이 디저트로 준비되어 있다.

.필터 커피 레시피
오리가미 드리퍼를 사용하여 원두 20g에 물 250g (1:12.5)을 여러 번에 걸쳐 푸어링하여 커피 추출을 완성했다.

.필터 커피 (케냐 엠부 쿠시엔다 AA TOP 풀리 워시드)
그린 토마토의 알싸한 신맛에 진한 견과류의 고소함이 더해져 강렬한 맛을 느낄 즈음 신선한 설탕 단맛과 오렌지의 향긋함이 뒤를 이어 과함을 덜어주었다.
다소 무거운 느낌이 있었지만 깔끔한 맛이었다.

.미드나잇 그린
달콤한 말차 크림과 흑임자 우유의 한 스푼은 건강한 음료를 먹는 듯한 기분이었고, 이어서 빨대로 마셔보니 미숫가루 느낌의 흑임자 우유, 부드러운 말차, 에스프레소의 쓴맛이 두루 섞여 시원하고 맛있는 음료의 한 모금이 되었다.

41 커피브론즈 로스터스

길음역 7번 출구에서 나와 6분쯤 가다 보면 언덕배기 작은 도로변에 있는 '커피브론즈 로스터스'를 볼 수 있다. 블랙톤 한옥 외관과 달리 커피 바와 로스팅실이 한눈에 들어오는 모던한 공간이 나타났다. 통유리 외벽, 메탈 바의 조합과 적당한 비트의 음악은 이곳을 더욱 청량한 공간으로 만들고 있었다. 커피 바 뒤에 있는 제법 큰 규모의 로스팅 공간에는 디드릭 12kg 로스터기가 설치되어 있어 로스터리 카페의 위엄을 보여주고 있었다.

이곳 사장님은 2011년 안국동에 오픈한 카페 커피브론즈 매장에 이어, 길음동에 로스팅에 집중하고자 두 번째 로스터리 카페를 열었다. 시간이 지날수록 멋스러운 '브론즈'처럼 오래도록 변함없는 커피와 진심을 담을 수 있는 '커피 브론즈'라는 이름으로 원두커피 제조, 원두 판매 및 납품을 하는 브랜드이다.

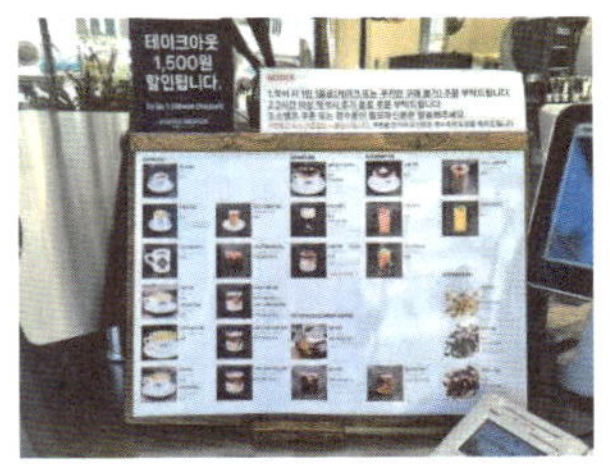  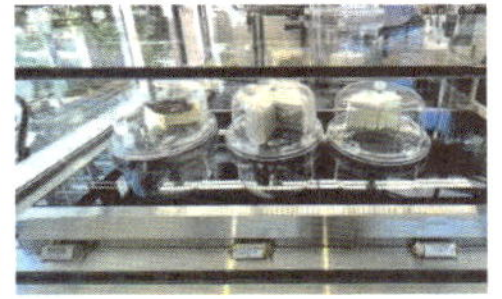

메뉴는 크게 에스프레소, 시그니처, 필터 & 콜드 브루 커피, 얼터너티브로 구성되어 있다.
아메리카노 음료는 블렌드인 다크 브론즈, 허니 플라워와 디카페인 중에서 원두를 선택할 수
있다.
필터 커피에는 다음과 같은 3종의 싱글 오리진이 준비되어 있다:
케냐 키아무구모 AA, 에티오피아 시다모 벤사 보데 바샤 베켈레, 콜롬비아 라 에스페란자
만델라 엑스오
디저트로는 바스크 치즈 케이크, 얼그레이 홍차 쉬폰, 유자 쉬폰, 발로나 초콜릿 생크림
케이크가 준비되어 있고 주말에는 과일 생크림 케이크가 추가로 제공된다고 한다.

.필터 커피 레시피
하리오 V60 드리퍼를 사용하여 원두 18g에 1:16의 비율로 물 288g을 여러 차례에 걸쳐
푸어링하여 커피를 추출했다.

.필터 커피 (케냐 키아무구모 AA)
분쇄할 때의 향긋한 향이 신선한 얼그레이의 쌉싸름함으로 이어졌고, 자몽의 산미와 메이플
시럽의 진한 단맛이 조화를 이뤄 진하면서도 깔끔한 맛을 만들어서 깨끗한 티 느낌이었다.

.발로나 초콜릿 생크림 케이크
촉촉한 케이크가 쌉싸름한 초콜릿이 믹스된 생크림과 만나 느끼하지 않은 깔끔한 맛을
만들었다.
프랑스산 발로나 초콜릿을 사용해 만든 케이크라고 한다.

서울 송파구 새말로5길 16 1층
https://www.instagram.com/hitch_coffee

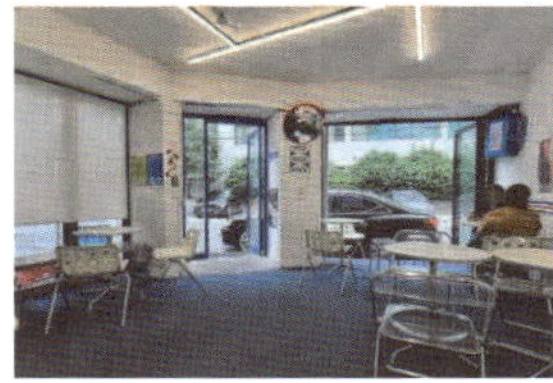

문정역 2번 출구에서 나와 6분 정도 가다 주택가 지역으로 들어서면 붉은 벽돌 건물에 파란 테두리와 문을 가진 '히치 커피'를 볼 수 있다. 이미 열려 있는 문들과 몇몇 야외 테이블들은 편안하고 여유로운 분위기를 자아내고 있었고 안으로 들어가니 빈티지하면서도 밝은 공간이 나타났다. 블루톤의 카펫과 화이트 톤을 배경으로 곳곳에 레드 컬러로 포인트를 준 카페 안의 모습은 마치 미국의 성조기를 연상케 했고, 곳곳에 놓여있는 형형색색의 장식물들과 원두와 굿즈 진열대 등은 어지러운 듯 보였지만 곧 자유로운 공간으로 바뀌었다. 거기에 더해 비트감 있게 흐르는 레게(?) 음악은 이곳에 격식 없는 편안함을 더했다.
히치커피(Hitch coffee)는 카페, 스마트 스토어, 원두 유통 생산 납품을 하는 로스터리 커피 전문 브랜드로, 누구나 편안하게 즐길 수 있는 커피를 지향하고 자극적이지 않은 균형 있는 커피를 추구한다고 한다.

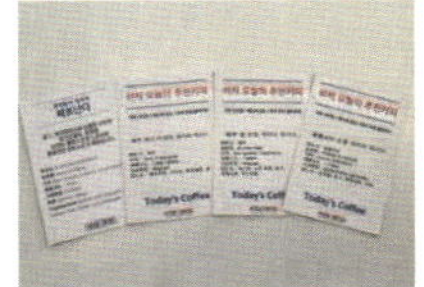

메뉴는 크게 클래식, 시그니처, 필터 커피, 논 커피로 구성되어 있다.
아메리카노와 라떼는 블렌드인 고당, 피어, 서울, 디카페인 중에서 원두를 선택할 수 있다.
필터 커피에는 다음과 같은 원두들이 준비되어 있다-:
에티오피아 우라가 하수 G1, 에티오피아 아제브 G1 온두라스 파라이네마, 콜롬비아
엘파라이소 리치피치, 페루 페냐 데 레온 게이샤, 로즈 란, 오 시원
오늘의 추천 커피는 메뉴에는 없는 신선한 원두들을 추천한다.
디저트로는 스콘과 쿠키가 준비되어 있다.

.필터 커피 레시피 (핫)
하리오 페가수스 드리퍼를 사용하여 원두 20g에 물 200g을 푸어링하여 커피를 추출한 다음,
온수 100g을 추가하여 커피를 완성한다.

.필터 커피 (페루 페냐 데 레온 게이샤)
깊게 숙성된 차의 떫은맛, 피치의 부드러움, 베리류의 상큼함과 꿀의 순한 단맛이 어우러질
즈음 중후한 바디감이 더해져 하나의 맛을 완성했다.

.버터 커피
제공된 음료를 한꺼번에 섞어 마시라는 설명대로 한입 들이키니 달콤한 라떼가 묵직하게
입안으로 들어왔다. 커피 맛이 강하지 않고 부드럽고 고소한 크림 속에서 스카치 캔디 맛이
살짝 나는 먹기 편하면서도 맛있는 음료였다.

43 로커피

서울 양천구 남부순환로59길 16 lawcoffee
http://instagram.com/lawcoffee_

신월동 신영시장을 지나 한 골목으로 들어서면, 하얀색 외벽에 큰 창으로 실내가 드러나
아기자기한 첫인상을 주는 '로 커피'를 볼 수 있다. 화이트톤의 배경에 화이트 테이블들이 놓여
있어서 깔끔한 인상을 주는 아담한 공간은 천장에 달린 여러 개의 조명등에서 뿜어 나오는
선명한 노란색 불빛들을 받아 밝으면서도 따뜻한 분위기를 만들고 있었다. 스피커에서 연하게
흘러나오는 피아노 음률은 한몫을 하는 듯했다. 테이블마다 제법 손님들이 앉아 있는 모습과
손님들이 간간이 지속적으로 드나들고 있는 모습들은 이곳이 동네 커피 맛집임을 말해주고
있는 듯했다. 신월동에 위치한
이곳은 핸드드립 커피도 맛있는 곳으로 직접 로스팅을 하는 로스터리 카페로 알려져 있다.

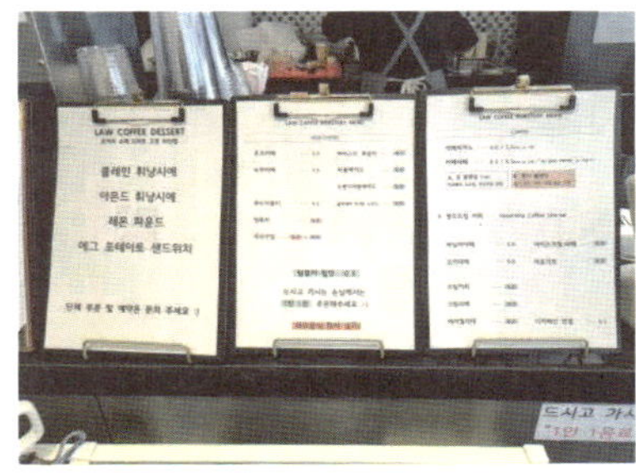
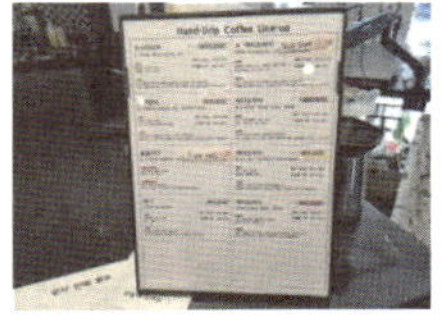

메뉴는 크게 논 커피, 커피, 라테, 핸드드립으로 구성되어 있다.
아메리카노와 카페라떼는 블렌드 '로'와 '캔디' 중에서 선택할 수 있다.
핸드드립에는 다음과 같은 6종의 원두가 준비되어 있다:
코스타리카 돈 카이토 게이샤 화이트 허니, 과테말라 인 헤르또 판도라 레드 파카마라 워시드,
케냐 기티투 AA 워시드, 에티오피아 벤사 타미루 74158 무산소 내추럴, 에티오피아 시다마
벤사 아르베고나 부루사 워시드, 에티오피아 시다마 트와콕 셀렉션 내추럴

아몬드 휘낭시에, 플레인 휘낭시에, 레몬 파운드, 에그 포테이토 샌드위치가 사이드 메뉴로
준비되어 있다.

.핸드드립 레시피
하리오 V60 드리퍼를 사용하여 원두 18g에 1:15 비율로 270g을 푸어링하여 커피를 추출한다.

.핸드드립 (에티오피아 벤사 타미루 74158 무산소 내추럴)
블루베리의 향긋한 향과 산미에 블랙 티의 쌉쌀함, 슈거케인의 자연스러운 단맛이 더해져
묵직하면서도 깔끔한 맛을 만들었다.
- 2021년 에티오피아 COE 1위 논옥션랏

.카페라떼
새콤한 딸기가 들어있는 초콜릿을 따뜻한 우유에 녹인 첫맛으로 시작하여 쌉쌀한 초코와
고소함이 어우러진 맛으로 이어졌다.

44 보사노바 커피로스터스 문래점

서울 영등포구 영등포로20길 22-4
https://www.instagram.com/bossanova_coffee_roasters

문래역 3번 출구에서 나와 작은 도로를 따라 8분 정도 가다 보면 한 골목 입구 쪽에 위치한
'보사노바 커피로스터스'를 볼 수 있다. 낡은 듯한 단독 건물의 외관은 흐린 날씨에 더욱
축축해 보였고, 그곳 문을 열고 들어가니 희미한 조명을 받고 있는 인더스트리얼 풍의 넓은
공간이 나타났다. 노출된 바닥과 천장, 그을림이 그대로 남아있는 벽을 배경으로 블랙과
그레이톤 가구들이 배치되어 있는 모습은 거친 공업을 했던 자리에 카페가 들어선 느낌이
그대로였다. 희미하게 들리는 재즈 선율은 이곳의 어둑하면서도 날것 같은 분위기에 안정감을
주고 있었다.

보사노바 커피로스터스는 바닷가 앞에서 깨끗하고 맛있는 커피를 제공하고자 하는 취지로
2015년부터 강릉 안목 해변을 시작으로 속초, 삼척 해변에 이어 해썹(HACCP) 인증을 받은
로스팅 공장까지 확장했고, 현재는 강릉점, 속초점, 삼척점, 문래점, 신정점, 잠실점, 부산점,
로스팅 팩토리를 운영하고 있다고 한다.

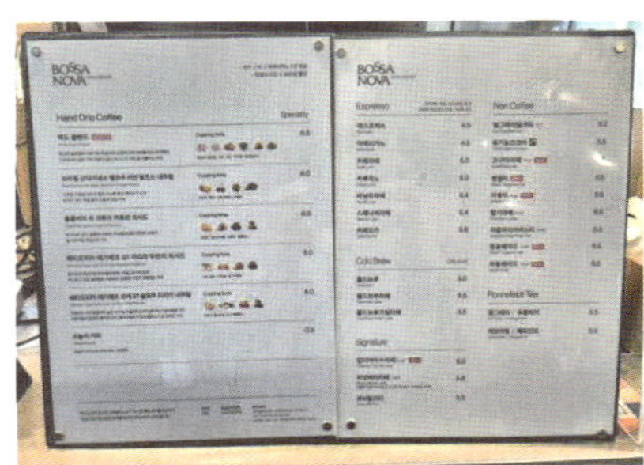

메뉴는 핸드드립 커피, 에스프레소, 콜드브루, 시그니처, 논커피, 로네펠트 티로 구성되어 있다.
에스프레소 메뉴에는 안목 블렌드 원두로 제공된다.
시그니처 메뉴에는 밤 티라미수 라떼와 피넛버터 라떼가 있다.
핸드드립 커피에는 1종의 블렌드와 4종의 싱글 오리진이 제공되고 있다:
백도 블렌드, 브라질 산타이네스 옐로우 버번 펄프드 내추럴, 콜롬비아 라 크루즈 카투라
워시드, 에티오피아 예가체프 G1 아리차 우반치 워시드, 에티오피아 예가체프 코케 G1 슬로우
드라이 내추럴.
보사노바 커피 신정점에서는 직접 구운 케이크와 빵들을 제공하고 있으며, 18시 이후에는 빵
제품에 한해 30% 할인 적용되고 있다고 한다.

.핸드드립 커피 레시피
하리오 V60 드리퍼를 사용하여 원두 18g에 물 260g (1:14.4)을 빠르게 푸어링하는 방식으로
커피를 추출했다.

.핸드드립 커피 (브라질 산타이네스 옐로우 버번 펄프드 내추럴)
발효된 듯한 구수한 콩 맛이 살짝 날 때쯤 베리류의 상큼함이 부드럽게 올라왔고, 무겁지 않은
가벼운 무게감이 있는 커피라 마시기 편했다.

.에스프레소 (안목 블렌드)
진한 초콜릿의 쓴맛과 진한 시럽 같은 단맛의 조화가 좋았고, 과일의 산미가 뒤를 받쳐주고
있었다. 진한 초콜릿과 과일즙, 달콤한 시럽을 뭉근하게 끓여 하나가 된 듯한 맛이었다.
설탕을 넣어 먹으니 각자의 강한 맛들이 순화되어 부드러운 맛이 되었다.

.소금빵
버터 조각 크기만큼 구멍이 크게 뚫린 빵은 쫄깃한 식감을 가지고 있고, 녹은 버터의 지방을
고스란히 전달하면서 짭짤한 소금 알갱이로 마무리했다

45 필그림커피

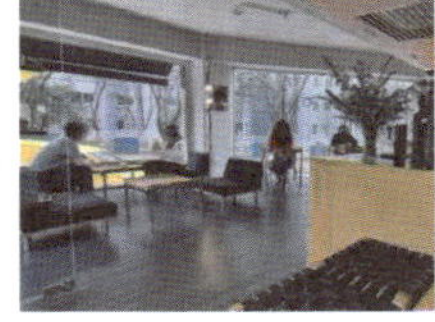

영등포역 4번 출구로 나와 5분 정도 쭉 따라가다 보면 연립주택과 아파트가 모여 있는
주택단지가 나오고 그 한쪽 길가에 위치한 '필그림 커피'를 볼 수 있다. 그 주변은
한적하면서도 평온한 느낌이었다. 로스팅 룸을 따로 옆에 두고 있고 그 옆에 있는 문으로
들어가니 모서리진 외벽이 전면 창으로 된 실내가 나왔다. 검은 바닥과 흰 벽을 배경으로 옐로
톤 목재와 메탈이 섞인 가구들이 곳곳에 배치되어 있고 몇몇 등에서 나오는 노란 불빛들이
실내를 비추고 있어서 밝으면서도 세련된 공간을 만들고 있었다. 스피커에서 나오는 비트감
있는 음악은 이곳에 생기를 불어넣고 있었다. 테이블 대부분을 손님들이 차지하고 있었고
테이크아웃 손님들도 꾸준히 드나들고 있는 모습들이 활기 있어 보였다.
필그림커피는 좋은 영향력을 행사하자는 슬로건으로 2016년부터 시작하여 9년 차에 접어든
로스터리이다. 커피 원두 납품을 주력으로 다양한 커피 품목을 소개하는 쇼룸도 함께 운영하고
있다. 생두 구매부터 제조 및 납품까지 좋은 품질로 스페셜티 커피 시장에 이바지하기 위해
노력하고 있다고 한다.

메뉴는 크게 블랙, 화이트, 베버리지, 디저트, 하동 티, 필터 커피로 구성되어 있다.
블랙, 화이트는 블렌드인 골든 블랙, 오트 블랙, 제스트 엘레강스, 사일런 나이트 (디카페인)
중에서 선택할 수 있다.
필터 커피에는 5종의 싱글 오리진 커피를 준비해 놓고 있다:
콜롬비아 라스 마리아스 리오 둘세 게이샤 워시드, 콜롬비아 알레한드리아 게이샤 무산소
워시드, 과테말라 엘 소코로 자바 워시드, 과테말라 엘 소코로 레드버번, 콜롬비아 카페 그랑하
세로 아줄 게이샤 내추럴
디저트에는 플레인 휘낭시에, 클래식 티라미수, 딸기 티라미수, 펌킨 치즈케이크 + 바닐라
크림 무스가 준비되어 있다.

.필터 커피 레시피 (아이스)
파라곤 볼을 칠링하여 스탠드에 올리고, 서버에 얼음을 담은 다음, 하리오 V60 드리퍼를
사용하여 원두 20g으로 빠르게 몇 차례 푸어링하여 약 180g의 커피를 추출했다. 추출된
커피에 물 10g 정도를 가수한 다음, 얼음이 채워진 잔에 옮겨 담아 커피 추출을 완성했다.

.필터 커피 아이스 (콜롬비아 알레한드리아 게이샤 무산소 워시드)
쌉싸름한 레몬그라스와 캐머마일이 섞인 듯한 산뜻한 느낌에 베리류의 산미와 자연스러운
단맛이 조화를 이루면서 시원하게 입안으로 들어와 갈증을 해소시켜줬다.

.플랫 화이트
쌉싸름하면서도 고소하고 상큼한 산미가 연하게 느껴지는 것이 마치 과일 초콜릿을 우유에
녹여 만든 것 같은 복합적인 맛이었다.
- 원두는 블렌드 제스트 엘레강스 (베리류의 새콤달콤하고 다채로우며 섬세한, 밝은 톤의
산미)를 선택했다.

46 미켈레커피 여의도점

서울 영등포구 의사당대로 38 더샵아일랜드파크 101동 107~108호 미켈레커피
https://www.instagram.com/michele__coffee/

여의도역 3번 출구에서 나와 국회의사당 쪽으로 15분쯤 가다 보면 나오는 더샵 아일랜드파크
1층에 '미켈레 커피'가 자리하고 있다. 외관은 마주하고 있는 여의도 공원 등과 어우러진
풍경으로 여유로우면서도 유럽풍의 클래식한 느낌을 자아냈다. 문을 여는 순간 한 유럽 카페에
들어온 듯한 느낌을 주는 층고가 높은 넓은 공간이 나타났다. 헤링본과 대리석을 섞어놓은
바닥과 밝은 톤의 목재와 꽃무늬가 조화로운 벽, 밝은 톤의 우드 커피 바를 배경으로 밝은색의
테이블과 의자들이 배치된 실내는 클래식과 경쾌한 느낌이 공존하고 있다. 적당한 비트의
팝송은 이곳에 활기를 더해주었다.
미켈레커피(Michele Coffee)는 WLAC와 KNBC에서 수상 경력이 있는 정경우 바리스타가
운영하는 곳으로, '우아하고 정교한 향의 발현'을 지향하는 스페셜티 커피 전문점이다. 과거 '더
현대 서울' 입점 당시 큰 인기를 끌었으며, 현재는 여의도 공원 근처에 번듯한 단독 매장으로
자리 잡았다. 또한 독특한 이름의 시그니처 음료와 고품질의 핸드드립 커피, 직접 제작하고
있는 다양한 디저트들로 인해 주변 직장인들과 지역 주민들로부터 사랑을 받고 있다고 한다.

메뉴는 크게 에스프레소, 에스프레소 베버리지, 싱글 오리진, 에이드, 아더즈, 티로 구성되어
있다.
준비된 싱글 오리진은 6종으로 다음과 같다:
에티오피아 다사야 셀렉션 내추럴, 코스타리카 로스 앙헬레스 엘 벤다발, 에콰도르 크루즈로마
티피카 메호라도 워시드, 파나마 다마를리 에스테이트 버번 노블 내추럴, 에콰도르 클라라루즈
게이샤 내추럴, 파나마 폰데로사 게이샤 산화&무산소 발효 내추럴

이곳에 준비되어 있는 디저트는 다음과 같다:
휘낭시에, 크루아상 (플레인, 아몬드, 살라미 버터), 뻥 오 쇼콜라 (플레인, 더티), 퀸아망
(플레인, 아몬드), 시나몬 번, 브라우니, 크로플, 두오므 포카치아, 바스크 치즈케이크, 플랑,
딸기 케이크, 블루베리 타르트, 크림 비엔누 (피스타치오&라즈베리, 티라미수, 우지말차, 바닐라
디플로마&발로나 프랄린, 흑임자)

.드립 커피 레시피
하리오 스위치 드리퍼를 사용하여 원두 20g에 물 300g을 푸어링하여 약 3분 침지한 후에
스위치를 열어 최종 추출량이 260~270g이 되게 한다.

.드립 커피 (에콰도르 쿠르즈로마 티피카 메호라도 워시드)
상큼한 포도 맛의 와인과 달콤한 사탕수수를 넣어 끓인 진득한 뱅쇼가 들어간 듯한 진한 커피
맛이었다.

.크림 비엔누 (흑임자)
화이트 초콜릿이 바닥에 입혀진 결이 잘 살아있는 크루아상 속에 담백하면서도 풍부한 흑임자
크림이 들어 있었고, 과하지 않은 풍부함이 느껴졌다.

47 크레이트커피

순천향병원 한 정거장 전인 한남동 버스정류장에서 내려 3분 정도(한남역에서 도보로 16분) 도로를 따라 올라가다 보면 길가에 노출된 시멘트 외관의 건물 1층에 위치한 '크레이트커피'를 볼 수 있다. 이곳은 한남점 외에도 성수점도 운영하고 있다고 한다.

큰 도로변에 있음에도 블랙톤의 상호와 전면이 유리로 된 외관이 주변의 푸른 나무들과 어우러져 고즈넉한 첫인상을 주었다. 커다란 문을 열고 들어가니 층고가 높은 널찍한 실내에 노출된 시멘트와 블랙톤을 배경으로 블랙, 그린 톤의 가구들을 적당한 간격으로 배치하여 모던하면서도 미니멀한 분위기의 공간이 나왔다.

'크레이트커피 한남점'은 2026년 2월 1일 일요일까지 영업을 마친 뒤, 이 공간에서의 시간을 마무리하고 새로운 변화가 준비되는 동안에도 크레이트커피의 시간은 '성수점'에서 변함없이 흐르고 있으니 한남에서 나누었던 마음을 그대로 안고, 언제나처럼 편한 마음으로 들러주기를 희망한다'고 한다.

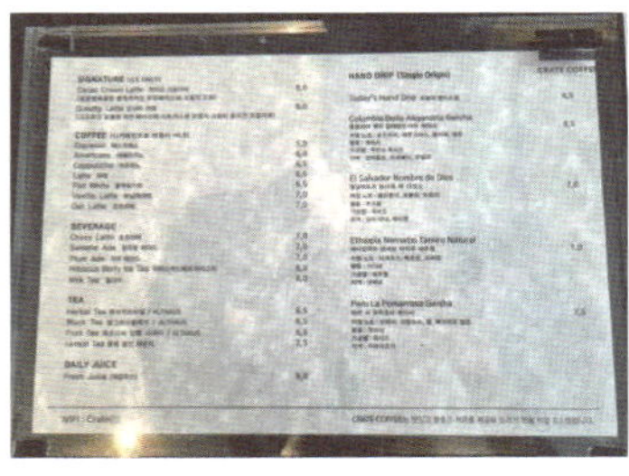

메뉴는 크게 시그니처, 커피, 베버리지, 티, 데일리 주스, 핸드 드립으로 구성되어 있다.
핸드드립에는 다음과 같은 원두들이 준비되어 있다
오늘의 핸드드립, 콜롬비아 베야 알레한드리아 게이샤, 엘살바도르 옴브레 데 디오스,
에티오피아 넨세보 타미루 내추럴, 페루 라 포마로사 게이샤

다양한 구움과자들과 케이크들이 있는 크레이트 베이커리가 바의 한쪽을 차지하고 있었다.

.핸드드립 레시피
하리오 V60 드리퍼를 사용하여 원두 16g에 물 190g을 순차적으로 70g, 80g, 40g 푸어링하여
커피를 추출한 다음, 20g을 가수하여 커피를 완성한다고 했다.

.핸드 드립 (콜롬비아 베야 알레한드리아 게이샤)
장미향과 레몬그라스의 쌉싸름함이 섞여 첫맛으로 다가왔고, 베리류의 상큼한 신맛과 주시한
단맛이 뒤를 이었다. 깨끗하고 부드러운 상큼함이 계속 유지되어 기분을 좋게 했다.
무산소 가공임에도 워시드이기에 발효취를 거의 느낄 수 없다는 설명이 있었고, 실제로 그
맛이 났다.

.이스파한 타르트
장미 향이 은은하게 퍼지는 마스카포네 크림 밑에 리치 콩포트와 새콤한 요거트 가나슈,
라즈베리 콩포트가 레이어드 되어 있어서 상큼하면서도 풍부한 맛을 내는 타르트였다.

48 스탠딩커피 서빙고점

서울 용산구 서빙고로59길 7-4 1층
https://www.instagram.com/standingcoffee

  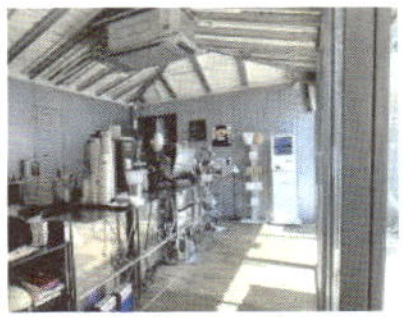

서빙고역 1번 출구에서 나와 10분쯤 대로변을 지나 한 골목으로 들어서 막다른 좁은 골목에서 '스탠딩커피 서빙고점'을 만날 수 있다. 좁은 통로를 지나 작은 계단을 올라가니 아담한 정원을 가진 한옥을 리모델링한 건물이 나왔고, 마치 집에 들어선 듯한 편안함을 주었다. 안으로 들어가니 노출된 시멘트 바닥과 흰색으로 마감된 노출 천장을 가진 아담한 실내가 나타났다. 전면이 유리로 된 벽면과 흰색 가구들이 어울려 전체적으로 환한 느낌이었고, 바로 옆에 위치한 부군당의 모습이 실내로 들어와 독특한 분위기를 만들고 있었다. 또한 가사 없는 음악이 조용히 흘러 분위기를 한층 편안하게 만들었다.

'스탠딩커피'는 2009년에 설립해 현재에 이르러서는 오로지 '커피'에 집중된 커피 전문 기업으로 성장하였고 제조, 유통, 판매에 이르는 사업 분야의 기본 바탕이 되어주고 있으며, 수출은 물론 400여 곳의 카페에서 스탠딩커피의 원두를 사용하며 그 역사와 품질을 인정받고 있다. 앞으로 '스탠딩커피'의 경리단점, 로스터즈(주), 남산점, 궁정동점, 포천 HACCP 공장, 서빙고점은 이성과 감성의 조화와 내적, 외적 성장을 위해 하루하루 최선을 다할 것을 약속한다고 한다.

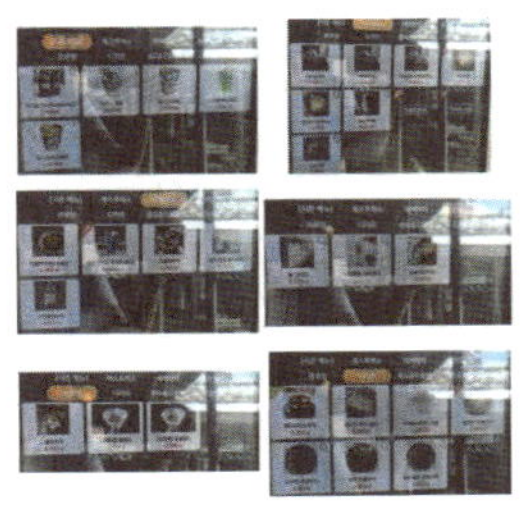 

메뉴는 시즌 메뉴, 에스프레소, 베버리지, 블렌딩 티, 브루잉, 디저트로 구성되어 있다.
에스프레소 메뉴는 블렌드인 N.1, 진양조, N.3, N.4와 디카페인 중에서 원두를 선택할 수 있다.
방문한 날 브루잉 커피는 블렌드와 싱글 원두 '과테말라 블루 아야르자 내추럴' 원두가
준비되어 있었다.
디저트는 밤 티라미수 쿠키, 바스크 치즈 조각, 디저트 아이스크림, 플레인 르뱅 쿠키, 말차
르뱅 쿠키, 레드벨벳 르뱅 쿠키 중에서 선택 가능했다.

.브루잉 커피 레시피
하리오 V60 드리퍼를 사용하여 원두 20g에 물 300g (1:15)을 수차례에 걸쳐 푸어링하여
커피를 추출했다.

.브루잉 커피 (과테말라 블루 아야르자 내추럴)
와인 향이 살짝 나는가 싶을 즈음에 견과류의 고소함으로 넘어갔고 오렌지의 산미와 블랙
티의 쏩쓸함이 사탕수수의 자연스러운 단맛과 함께 강하게 이어지는 깔끔한 맛이었다.

.에스프레소 (진양조)
산미가 느껴지는 다크 초콜릿과 녹인 버터를 블렌딩한 것 같은 맛으로 크리미함이 입안에서
맴돌았다. - 브라질 세라도, 콜롬비아 수프리모 우일라-, 인도 카피 로얄 AA 로부스타 블렌딩

.밤 티라미수 쿠키
꾸덕꾸덕함과 푸석함이 공존하는 쿠키 도우, 밤이 섞인 크림치즈, 초코 파우더가 어우러져
찰떡 대신 크림치즈가 들어간 찰떡 쿠키를 먹은 듯한 맛이었고 중량감이 있었다.

49 오츠커피 용산점

서울 용산구 원효로89길 13-12 오츠커피
https://www.instagram.com/oatscoffee/

숙대입구역 7번 출구에서 나와 대로변과 작은 도로변을 번갈아 가다 보면 용산의 어느
골목에서 '오츠 커피'를 발견할 수 있다. 붉은 벽돌과 흰색 테두리로 꾸며진 외관은 주변과 잘
어우러져 골목 안에 있음에도 시선을 사로잡았다. 노출된 목재 천장과 흰색 벽을 배경으로
목재 가구들이 배치되어 있었고, 작은 전등에서 흘러나오는 노란 불빛들이 공간 곳곳을 비추어
따뜻하면서도 빈티지하고 클래식한 분위기를 동시에 자아냈다. 스피커에서는 비트 있는 음악이
크게 흘러나와 실내를 가득 채웠는데, 이곳이 젊음의 자유로운 분위기를 추구한다는 것을
짐작게 했다.

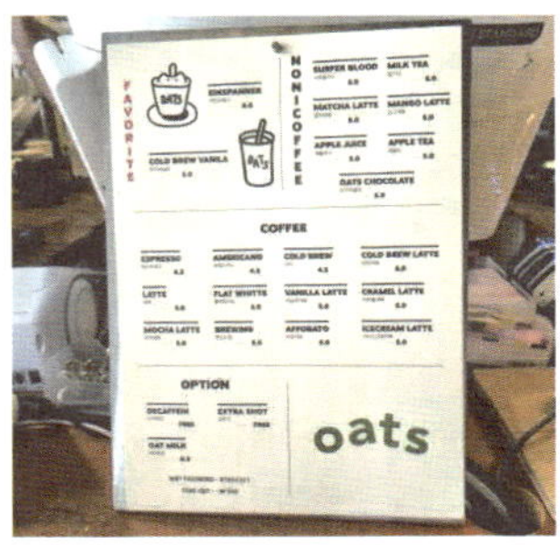

메뉴는 크게 페이버릿, 커피, 논 커피로 구성되어 있다.
핸드드립 커피는 블렌드인 리버, 산, 그리고 디카페인 원두로 준비되어 있다.
상업적인 커피를 잘 로스팅하여 합리적인 가격에 손님들이 커피를 즐길 수 있게 하는 것이
이곳의 방침이라고 한다.
버터 스콘, 크랜베리 스콘, 초코 스콘, 말차 스콘, 버터 휘낭시에, 초코 휘낭시에, 피스타치오
휘낭시에, 마카다미아 휘낭시에가 디저트로 준비되어 있다.

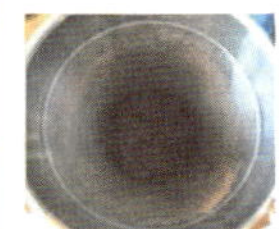

.핸드드립 레시피
하리오 V60 드리퍼를 사용하여 추출 서버에 적당량의 얼음을 채운 다음, 원두 23g에 물
170g을 러프하게 푸어링하여 추출한다. 컵에 얼음을 가득 채우고 추출한 커피를 담는다.

.핸드드립 (리버)
플로럴함, 너티함이 베리류의 산미와 합쳐진 첫맛을 느낄 수 있었고, 티의 쌉싸름함이 강하게
이어졌지만 전체적으로 마시기 편한 맛이었다. 시간이 지날수록 재스민 향이 살아나서 여름에
먹기 좋은 아이스 음료로 에티오피아 커피라고 한다.

.아인슈페너
달걀노른자를 품은 듯한 진한 단맛을 가진 크림을 계속 떠먹다가 크림을 다 먹을 즈음에
음료를 마시면 쓴맛을 가진 커피우유와 크림이 섞여서 부드러우면서도 임팩트 있는 맛이 났다.

.초코 휘낭시에
오돌오돌 씹히는 두꺼운 초콜릿에 쌓인 휘낭시에는 마치 초콜릿 바를 먹는 느낌이었다.

50 키하라

서울 용산구 임정로11길 4 1층
https://www.instagram.com/kiharainseoul

효창공원앞역 1번 출구에서 나와 13분 정도 지도를 따라가다 보면 연립주택들이 있는 언덕이 나오고 그 어느 구석진 곳에 하얀색으로 단장된 '키하라'를 볼 수 있었다 (마포 17번 마을버스 정거장 옆). 문을 열고 들어가니 연한 노란색 조명을 받고 있는 아늑한 첫인상을 주는 실내가 나왔다. 하얀색을 배경으로 톤이 약간씩 다른 목재 가구를 배치하였고 빨간, 노랑, 검정 쿠션을 가진 의자들로 포인트를 주어 따뜻하면서도 깔끔한 북유럽의 감성을 가지고 있는 것 같았다. 공간의 크기에 비해 조금은 크게 들릴 수도 있는 경음악은 거슬림 없이 실내에 녹아들어 어느 외국 카페에 들어와 있는 기분이 들었다.

이곳 사장님은 노르딕 커피 중에서 덴마크, 스웨덴, 노르웨이 커피는 우리나라에서 경험할 수 있는데 핀란드 커피는 접하기가 어려워 직접 소개를 하면 좋겠다는 생각에 여러 조사 절차를 거쳐 푸룩트 (FRUKT) 원두를 들여오기로 했다고 한다.

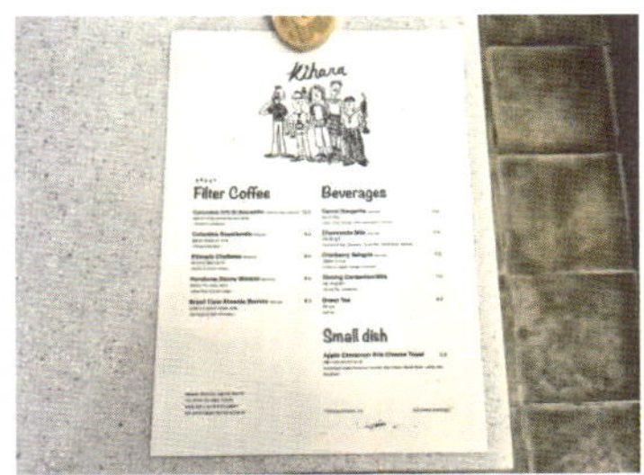

메뉴는 필터 커피, 베버리지, 스몰 디시로 구성되어 있다.
베버리지에는 이곳 레시피로 만든 제조 음료들이 있고, 필터 커피는 다음과 같은 핀란드의
푸루프루트 커피 5종이 준비되어 있다:
콜롬비아 575 엘 보카디요 게샤-타비 내추럴, 콜롬비아 루실란디아 내추럴, 에티오피아 첼베사
워시드, 온두라스 대니 모레노 워시드, 브라질 카사 알메이다 바레토 내추럴.

스몰 디시에는 애플 시나몬 브리 치즈 토스트를 준비해 놓고 있다.

.필터 커피 레시피
오리가미 드리퍼를 사용하여 원두 14g에 물 230g (1 16.4)을 수차례에 걸쳐 푸어링하여 커피를
추출한다.

.필터 커피 (브라질 카사 알메이다 바레토 내추럴)
초콜릿의 쓴맛과 달콤한 황설탕의 단맛이 섞여 선명하게 맛이 날 즈음에 청사과의 과즙 같은
새콤함과 쌉싸름함이 뒤를 이었고, 깨끗함과 간결함으로 마무리되었다. 브라질 커피에서
산미가 새콤하게 느껴지는 것이 인상적이었다.

.우롱 카다멈 밀크
부드럽고 달콤한 우유 속에서 언뜻언뜻 민트 같은 시원함과 우롱티의 향이 느껴졌고, 순한
맛이 지속되어 마시기에 편한 밀크티였다.

서울 용산구 백범로99길 40 102동 109호
https://www.instagram.com/korzseoul

삼각지역 5번 출구에서 나와서 5분쯤 가다 보면 나오는 베르디움 아파트 단지 내 상가 1층에
위치해 있는 이곳은 가게들이 늘어서 있는 가운데 한자리를 차지하고 있었고, 'körz'라는
깃발과 붉은 글씨의 'COFFEE'로 코르츠를 분명히 알리고 있었다. 그리 크지 않은 아담해
보이는 실내는 높은 층고와 전면으로 난 창 등으로 인해 답답함을 느낄 수 없는 편한
공간으로 다가왔다. 주문과 커피 음료를 만들 수 있는 바가 통로를 확보한 세 파트로 분리되어
있고 높이가 낮은 가구들을 배치해서 답답함이 없고 쾌적함을 주고 있었다.
흰색을 배경으로 밝은 계열의 나무 테이블과 의자를 벽을 따라 배치하여 환한 실내에
스피커에서 흘러나오는 팝송의 강한 리듬은 활기를 불어넣고 있었다. 전체적으로 작은 공간을
효율적으로 잘 구성했다는 생각이 들었다.
이곳은 교토 'STYLE COFFEE' (스타일 커피) 공식 수입처라고 한다.

음료 메뉴는 크게 블랙, 화이트, 논커피로 구성되어 있다.
커피 메뉴는 에티오피아 커피 2가지로 블렌딩된 원두를 사용하고 있고, 디카페인은 콜롬비아
원두 100%를 사용하고 있다.
필터 커피에는 STYLE COFFEE 4종의 원두와 필그림커피 1종의 원두가 준비되어 있다:
페루 라 콜메나, 부룬디 카얀자, 에티오피아 타베 브루카, 케냐 키리, 콜롬비아 라 에스페란자
자바 (필그림).
디저트에는 레몬 파이와 스트로베리 잼 파이가 준비되어 있고, 피스타치오 라즈베리 초콜릿
무스가 특별 메뉴로 준비되어 있다.

.필터 커피 레시피
하리오 V60 드리퍼를 사용하여 원두 20g에 물 250g (약 12.5:1)을 몇 차례에 걸쳐 푸어링하여
커피를 추출한다.
필터 커피를 추출하는 바에는 타라치네, 하리오 V60, 칼리타 드리퍼가 놓여 있었고, 원두에
따라 드리퍼를 달리 사용한다고 한다.

.필터 커피 (부룬디 카얀자)
상큼한 레몬과 단맛이 섞인 레모네이드와 쓱쓸함을 가진 그린 티가 어우러진 독특한 맛을
느낄 즈음에 대추의 질감이 더해져 무게감을 주었다. 가볍지 않으면서도 깨끗한 맛이 계속
이어졌다.

.칠링 에스프레소
설탕의 단맛을 뚫고 나오는 꽃 향을 가진 에스프레소가 상큼한 산미와 함께 입안으로
들어왔고, 얼음이 녹으면서 맛이 점점 편해지고 있어서 천천히 마셔도 좋을 음료였다.
에스프레소를 비정제 설탕, 얼음과 함께 셰이커로 칠른한 음료라고 한다.

서울 용산구 한강대로21길 29-16 1층
https://www.instagram.com/alldse_cafe/

용산역 1번 출구에서 나와 7분 정도 가다 보면 옛 동네 분위기가 나지만 옛 음식점과
현대적인 음식점들이 공존하는 거리가 나오게 되고, 그 안의 작은 골목 끄트머리에서
'올딧세'를 만날 수 있었다. 좁은 입구를 통과해 안으로 들어가니 오른쪽은 암석 벽(?)이었고,
그 옆에는 전면이 유리로 된 개조된 아담한 한옥이 위치해 있었다. 문을 열고 들어가니 붉은
기가 도는 목재 내부가 빛을 받아 강렬하면서도 아늑해 보이는 실내가 눈에 들어왔다. 시선을
옆으로 돌리니 노출된 나무 지붕, 암석(?) 벽과 그 앞에 놓여 있는 원목으로 된 기다란 바가
은은한 조명을 받고 있는 모습을 볼 수 있었고 마치 동굴 속의 카페에 들어온 착각을
불러일으켰다. 스피커에서 나오고 있는 적당히 비트 있는 음악은 어둑한 이 공간과 어우러져
은밀하면서도 편안한 분위기를 만들고 있었다.

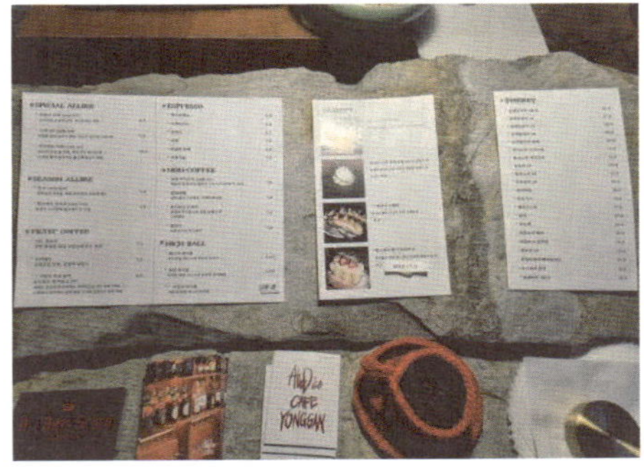

음료 메뉴는 스페셜 올드 세트, 시즌 올드 세트, 필터 커피, 에스프레소, 논 커피, 하이볼로
구성되어 있다.
필터 커피에는 미드 센추리, 디카페인, 온두라스 엘 바랑코 3종의 원두가 준비되어 있다.
바스크 치즈케이크, 브라우니와 땅콩 크림, 바나나 브륄레 등이 디저트로 준비되어 있으며
위스키도 준비되어 있다.

.필터 커피 레시피
하리오 V60 메탈 드리퍼를 사용하여 원두 19~20g에 물 260g을 여러 차례에 걸쳐 푸어링하여
커피를 추출한다.

.필터 커피 (미드 센추리)
따뜻한 재스민 향을 느낀 후에 귤의 과육에 붙어있는 귤락과 함께 먹는 듯한 약간은 떫은
듯한 새콤한 과즙이 풍부하게 입안에서 머무르는 듯했다.
- 에티오피아와 무산소 커피를 주로 한 블렌드라고 한다.

.콘파냐 라떼
우유와 커피를 한꺼번에 마시라는 설명대로 마시니, 적당한 단맛을 가지고 있는 크림과 우유가
블렌드된 액상 크림이 에스프레소와 섞이면서 묵직하면서도 부드러운 라떼 맛을 만들었다.
얼음이 들어있지 않은 아이스라 적당한 온도로 마시기 편했다.

53 텅앤빈 청파

숙대입구역 8번 출구에서 나와 숙대 쪽으로 8분쯤 올라가다 보면 나오는 한 골목에서 '텅앤빈 청파'를 만날 수 있다. 빨강, 파랑, 초록으로 칠해진 외관 위에 놓인 서로 손잡은 듯한 인형의 모습에 밝으면서도 따뜻한 첫 느낌을 받고 안으로 들어갔다. 노출된 천장과 바닥, 낡은 듯한 벽을 배경으로 합판 재질의 계단식 좌석, 탁구대 테이블, 가죽 소파, 칸막이 없이 설치된 대형 로스터기, 그리고 중간중간 빨강, 파랑색으로 포인트를 준 모습이 빈티지하면서도 날것 그대로의 느낌을 주어 들어서는 순간 자연스럽게 편안해졌다.

청파동의 낡은 골목의 시간을 잊게 만드는 로스팅 향과 음악이 흐르는 곳 '텅앤빈'은 2021년, 1.8kg 로스터기 하나로 시작하여 팝업과 카페쇼 2회 참여, 성내동의 14평 매장, 그리고 블루리본 2개를 받았다. 2025년엔 청파동에 텅앤빈으로 새롭게 태어났다. 생두가 가진 결을 온전히 살리기 위해 로스팅에 모든 집중을 쏟고 있고 커피 한 잔 마시는 것은 단순 음료 마시기보단 원두 이야기를 경험하는 것과 같다고 소비자들이 느끼는 것에 중점을 두고 있다.

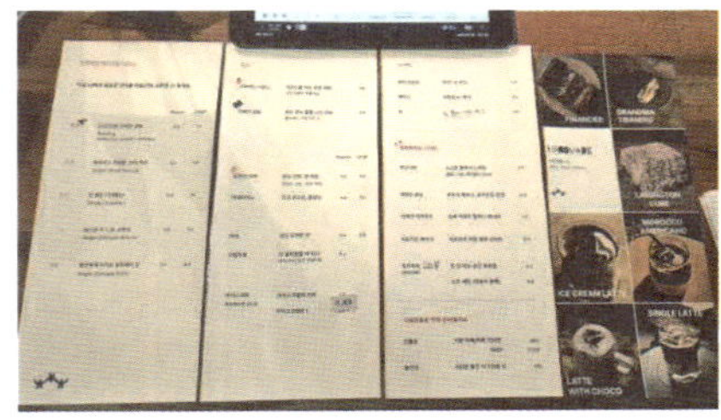

메뉴는 크게 스페셜티 핸드드립, 머신, 논커피, 행복해지는 디저트로 구성되어 있다.
아메리카노는 블렌딩 원두를 사용하는 것과 원두 선택이 가능한 것으로 두 가지 버전이
준비되어 있다.
스페셜티 핸드드립에는 다음과 같은 5가지 원두가 준비되어 있다:
포근 (블렌딩), 사색 (브라질 내추럴), 집중 (콜롬비아 디카페인), 영감 (에티오피아 내추럴), 일탈
(에티오피아 무산소)
디저트로는 휘낭시에 (기본, 헤이즐넛, 초코), 레밍턴 큐브, 이태리 티라미수, 빅토리아 케이크,
포카치아, 수프 세트가 준비되어 있다.

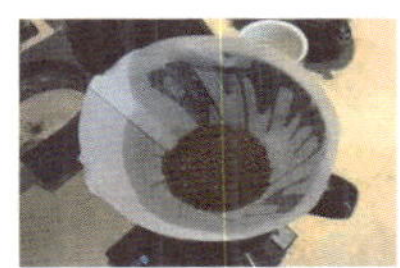

.핸드드립 레시피 (핫)
하리오 V60 드리퍼를 사용하여 원두 18g에 물 270㎖ (1:15)를 한 번에 푸어링 후 스틱으로
저어 커피 추출을 마무리했다.
하리오 드리퍼는 물 빠짐이 좋아서 차와 같은 커피 추출을 위해 이 방법을 사용한다고 한다.

.핸드드립 (사색, 브라질 노보 오리존치 내추럴)
군 옥수수와 견과류가 섞인 듯한 고소함으로 시작해 씁쓸함을 가진 자몽의 산미, 슈거케인의
자연스러운 단맛으로 이어지는 모나지 않은 부드러운 커피였다.

.헤이즐넛 휘낭시에
구운 헤이즐넛 조각이 알알이 씹히는 겉은 꾸덕하고 안은 촉촉한 맛이었다. 고소하고 달콤한
휘낭시에와 깔끔한 드립 커피 조합이 좋았다.

54 트래버틴 용산

용산역 1번 출구에서 나와 10분 정도 대로변을 따라가다 오래된 골목으로 들어서면 한옥을 개조하여 만든 '트래버틴'을 만날 수 있다. 테이블이 놓여 있는 야외 공간을 중심으로 두 채의 아담한 한옥이 있는 모습을 볼 수 있는데, 한 채는 로스팅을 하는 공간이고 다른 한 채가 주문과 함께 커피를 마실 수 있는 공간이었다. 전면으로 난 유리창과 문, 노출된 듯한 회색 벽, 붉은 느낌의 바닥과 좌석, 나무 재질의 기둥, 메탈 느낌의 바, 검은색 테이블 등이 어우러져 묘한 앙상블을 이루고 있었고, 스피커에서 나오는 울림 있는 음악이 이 공간에 더해져 빈티지하면서도 세련된 분위기를 만들고 있었다.
이곳은 덴마크 스페셜티 커피 라카브라 커피(La Cabra Coffee)의 한국 공식 파트너라고 한다.

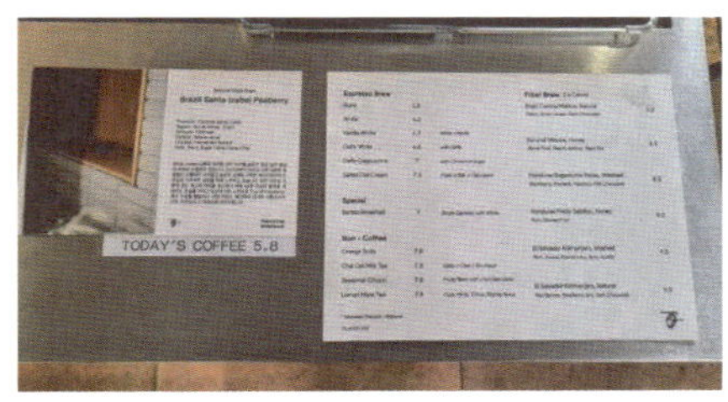 

메뉴는 크게 에스프레소 브루, 필터 브루, 논커피, 스페셜(싱글 에스프레소와 화이트)로
구성되어 있다. 테이크 아웃의 경우 1,500원이 할인된다고 한다.
이곳은 덴마크 스페셜티 커피 라카브라 커피(La Cabra Coffee)의 한국 공식 파트너로, 이곳
원두들을 사용하고 있다. 예외로 오늘의 커피는 이곳에서 직접 로스팅한 커피를 사용하고
있는데, 이날은 브라질 산타 이자벨 피베리가 준비되어 있었다.
필터 브루에는 다음과 같은 6종의 싱글 오리진이 준비되어 있다:
브라질 센트럴 매토스, 부룬디 미쿠바, 온두라스 사가스투메, 온두라스 프레디 사비욘,
엘살바도르 킬리만자로 워시드, 엘살바도르 킬리만자-로 내추럴.

초코 타르트, 말차 치즈케이크, 파운드케이크, 파운드 러스크 등이 디저트로 준비되어 있다.

.필터 브루 레시피
하리오 V60 드리퍼를 사용하여 원두 15g에 물 230g (1:15.3)을 순차적으로 60g, 70g, 100g
푸어링하여 커피를 추출한다.

.필터 브루 (브룬디 미쿠바 허니)
살구의 질감에 블랙 티의 쌉쌀함, 사과의 산미, 캐러멜 단맛이 어우러져 주시하면서도 깨끗한
맛이 났다. 적당한 무게감이 이런 다양함을 받쳐주고 있어서 가볍지 않은 맛이었다.

.솔티드 오트 크림
짭짤하고 고소한 너트 크림이 첫맛으로 다가왔고 이어서 오트 라떼의 맛이 느껴졌다. 달고
짜고 쓴맛이 함께 느껴진 맛이었지만 풍부한 맛이라기보단 과하지 않은 담백한 맛이었다.

55 카페게더 광화문

서울 종로구 새문안로3길 3 1층
http://instagram.com/caffe_gather

광화문 경희궁의 아침으로 들어가는 도로변 초입, 내일신문 건물 1층에 위치한 '카페 게더'는
검은 대리석 벽 위에 금색으로 쓰인 'CAFFE GATHER'가 바로 눈에 띄어 고급스러운 첫인상을
주었다. 전면이 유리로 된 문을 열고 들어가니 회색 톤을 배경으로 검은색 가구들이 배치된,
강렬한 인상을 주는 넓은 공간이 나타났다. 곳곳에 배치된 조각상들과 설치물로 인해 마치
오피스 타운 안에 있는 세련된 갤러리에 들어온 듯한 느낌을 주었다.
'GATHER(게더)'는 개인과 개인, 집단과 집단, 소비자와 판매자, 커피 생산국과 소비국 간의
원활한 소통과 나눔 속에 지속 가능한 행복이 보장되기를 희망하는 의미를 담고 있다고 한다.
그런 의미에서 산지 농부들과의 상생을 위해 스페셜티 생두를 직접 수입 유통하고 있으며,
공정무역을 통해 산지 농부들의 생활 지원에 도움이 되도록 하고 있다. 또한 골든 커피 어워드
2년 연속 3관왕 등 커피 실력 면에서도 내실을 다지고 있는 역사가 있는 카페로, 부산과
광화문 지점에서 고객들의 쉼과 충전을 책임지고 있다고 한다.

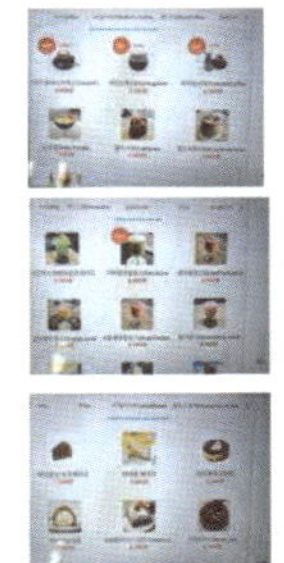

메뉴는 크게 커피, 게더온리커피, 핸드드립, 음료, 차, 케이크&디저트, 병음료 등으로 구성되어
있고, 게더온리커피 안에 있는 터키쉬 커피와 세미나룸 대여가 이곳의 특별 메뉴로 보였다.
핸드드립 커피에는 11종의 싱글 오리진이 준비되어 있다:
콜롬비아 게이샤 워시드, 에티오피아 할로 내추럴, 에티오피아 구지 시카소, 브라질 돌체,
카메룬 블루마운틴, 콜롬비아 디카페인, 과테말라 ㄷ카페인, 콜롬비아 여성 커피 대회 위너,
온두라스 (세계 여성 커피 동맹), 카메룬 티피카, 인도 아라쿠 '23 옥션 위너.
디저트로는 헤이즐넛 초코 케이크, 한라봉 케이크, ㅈ즈케이크 번트, 카라멜 모카롤, 크림 범벅
카스테라, 피칸파이, 휘낭시에 등이 준비되어 있다.

.핸드드립 레시피
디셈버 드리퍼를 사용하여 원두 20g에 물 270~280g을 수차례에 걸쳐 드립한 후 약간의
가수를 하여 커피를 완성했다.
원두 상태에 따라 레시피를 달리하기에 원두 양과 물 양의 비율은 중요하게 고려하고 있지
않다고 한다.

.핸드드립 (카메룬 블루마운틴)
핵과일의 알싸하면서도 새콤함이 첫맛으로 느껴진 후 견과류의 고소함과 사탕수수의 은은한
단맛이 더해져 가볍지 않은 커피 맛이 완성되었고 깔끔하게 마무리되었다.

.플랫화이트
미디엄 다크 정도의 에스프레소와 고소한 우유가 만나 거친 쓴맛은 느껴지지 않는 커피 맛이
강한 라테였다.

56 커피가게동경 독립문

독립문역 3번 출구에서 나와 6분 정도 가다 보면 주택가 작은 도로변에 있는 붉은 벽돌집에서
간판이 따로 없는 '커피가게동경'을 만날 수 있다. 첫눈에 긴 직사각형의 아담함으로 다가온
실내는 노출된 천장과 바닥을 배경으로 부분적인 우드 바닥과 가구를 배치하여 빈티지함과
차분함이 공존하는 분위기였고, 벽을 따라 난 전면 창을 통해 들어오는 주변 풍경과 볕은
개방감을 더해줬다. 나지막이 흐르는 재즈 음률이 어느 시점에서 이곳과 하나가 되었다.
망리단길(망원동) 부근의 눈에 잘 띄지 않는 지하에 위치해 있던 이곳은 아인슈페너, 아몬드
모카 자바, 핸드드립 커피 등 에스프레소 머신 없이 모든 커피를 핸드드립으로 내려주는
것으로 유명하며, 대기가 있을 정도로 인기가 있는 카페였으나 문을 닫고 독립문점을 2025년
10월에 오픈하여 새로 이어가고 있다고 한다.

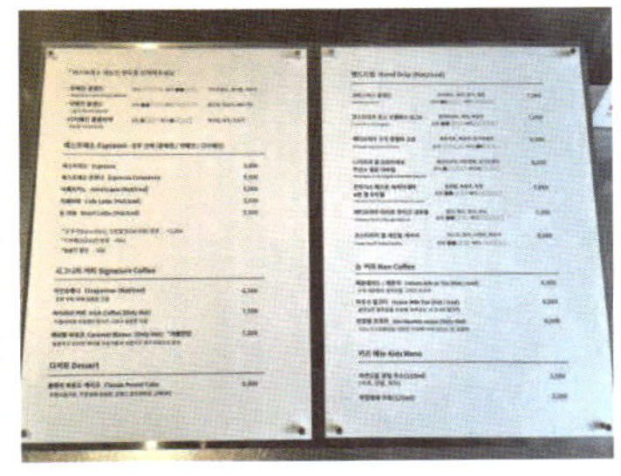

메뉴는 에스프레소, 시그니처 커피, 핸드드립, 논 커피, 키즈 메뉴, 디저트로 구성되어 있다. 에스프레소 파트에서는 중배전, 약배전 블렌드와 디카페인 콜롬비아 중에서 원두를 선택할 수 있다.
핸드드립에는 다음과 같은 원두들이 준비되어 있다:
크리스마스 블렌드, 코스타리카 앙헬레스 SL28, 에티오피아 구지 함벨라 고로, 니카라과 엘 오르미게로 무산소 발효 내추럴, 온두라스 베스트 파라이네마 8위 엘 라우렐, 에티오피아 타미루 무라고 내추럴, 코스타리카 엘 세드랄 게이샤.
디저트에는 클래식 파운드케이크가 준비되어 있다.

.핸드드립 레시피
하리오 V60 메탈 드리퍼를 사용하여 원두 16g에 물 250g (1:25.6)을 몇 차례에 걸쳐 푸어링하여 커피를 추출한다.
아인슈페너는 드립 커피를 내려서 잠시 데운 후에 크림을 올리는 방법으로 만든다.

.핸드드립 (온두라스 베스트 파라이네마 8위 엘 라우렐)
혀로 천장을 누르니 플로럴함이 연하게 올라왔고 부드러운 감의 떫은맛, 사탕수수를 달인 듯한 은은한 단맛, 선한 산미가 어우러질 즈음 복숭아의 질감이 무게감을 더해 깨끗한 커피 맛을 완성했다.

.아인슈페너
부드러운 커스터드 크림 같은 맛이 달콤하게 첫입에 들어왔고 두 번째 입에선 드립으로 내린 커피가 크림과 섞여 깔끔한 맛을 만들어 입안을 가득 채웠다.

서울 종로구 경희궁2길 14 익근빌딩 지상층
https://www.instagram.com/timt_coffee

경복궁역 7번 출구에서 나와 앱을 따라 5분 정도 가면 나오는 경희궁의 아침 단지 근처에서
'팀트'를 볼 수 있다. 시내 한복판이라고 믿기지 않을 정도의 안정된 분위기 속에 아이보리
외관으로 조용히 서 있는 듯했다. 자동문을 열고 들어가니 노란 불빛을 받고 있는 제법 넓은
공간이 나왔고, 전면 창으로 들어오는 외부의 푸르른 느낌이 더해져 밝고 환한 느낌이었다.
테이블 수가 많아서 주변 직장인들이 점심 식사 후에 둘러앉아 음료를 마시며 담소를
나누거나 노트북 등을 하기에 적당한 장소로 보였다.
2016년 커피집에서 시작해 지금의 '팀트'가 되어 햇수로는 10년, 만으로는 9년째 운영
중이라고 한다. 2층에 위치한 팀투에선 여러 바리스타들과 퍼스널 브랜딩, 커핑 등 커피 업계
내에서 오래 함께하기 위한 고민을 공유하는 공간으로도 주목받고 있어서 둘 다 주변
직장인들과 바리스타들에게 사랑받고 있는 장소로 알려져 있다고 한다.

메뉴는 크게 커피(블랙, 화이트, 크림), 티, 논커피, ㄷ 저트, 필터로 구성되어 있다.
필터 커피에는 다음과 같은 5종의 싱글 오리진 커피가 준비되어 있다:
콜롬비아 라 팔마 엘투칸 게이샤 바이오 내추럴, 에티오피아 타미루 시다마 무라고 내추럴 G1,
코스타리카 핀카 부 레드카투아이 캔디 내추럴, 콜롬비아 산라파엘 워터멜론 이스트
퍼멘테이션, 콜롬비아 카우카 EA 디카페인.
디저트엔 초코칩 쿠키, 땅콩버터쿠키, 플레인 스콘, 즈코 브라우니, 초코 브라우니 WITH
바닐라 아이스크림, 깨찰 와플 바이트, 깨찰 와플 WITH 바닐라 아이스크림 & 브라운 치즈가
준비되어 있다.

.필터 커피 레시피
사이폰을 사용하여 원두 20g에 1:15 비율로 물 300g을 하부 플라스크에 담았고, 물이 상부
로드에 올라와 커피를 적신 후 침지된 시간은 45초라고 한다. 좀 더 많은 향미를 끌어내기
위해 몇 번 스틱으로 저어주는 작업이 있었다.

.필터 커피 (에티오피아 타미루 시다마 무라고 내추럴 G1)
재스민 향과 진한 단맛이 조화롭게 첫 모금에 올라와 향기로움을 전했다. 이어서 티의
쌉쌀함이 뒤를 이었고 단맛의 여운이 진했다.

.에스프레소
다크 초콜릿과 달인 듯한 단맛이 어우러져 진득한 한 잔의 에스프레소가 되었다.

.초코 브라우니
풍부한 버터 향과 진한 단맛을 풍기는 따뜻한 초코 케이크가 바삭함과 눅진함을 동시에
가지고 있어 진한 잔향을 남겼다.

서울 종로구 북촌로 6-8 톤티커피
https://www.instagram.com/tonti_coffee

안국역 2번 출구에서 나와 2분 정도 가다 보면 나오는 막다른 골목 초입에 위치한
'톤티커피'는 밖에서는 보이지 않지만 접근성은 좋아 보였다. 아기자기하게 꾸며놓은 작은
마당에서 따뜻함을 느끼며 카페 안으로 들어서니 이번엔 환한 실내가 시원한 냉기로 맞이해
주었다. 밝은색의 원목 바닥에 흰 벽, 흰 천장을 배경으로 흰색 가구들이 배치되어 있는
공간에서 밝으면서도 깔끔한 분위기를 느낄 수 있었다. 스피커에서 나오는 낮은 음량의 음악은
몽환적인 느낌을 더해 마치 하얀 나라로 들어온 듯했다.
'톤티커피'는 민트는 남편, 베이지는 아내를 상징하는 따뜻한 색감이 공간 곳곳에 스며들게
하는 공간으로, 오픈한 지 4년 된 카페이다. 이곳에서 제공하는 모든 원두를 직접 로스팅하여
제공하는 로스터리 카페로 신선하고 균형 잡힌 커피를 추구한다고 한다. 또한 독특한
인테리어와 위치상의 특이점으로 인해 전 세계 다양한 나라의 손님들이 찾고 있으며, 이들로
인한 따뜻함과 행복감으로 매장을 가득 채워나가고 있다고 한다.

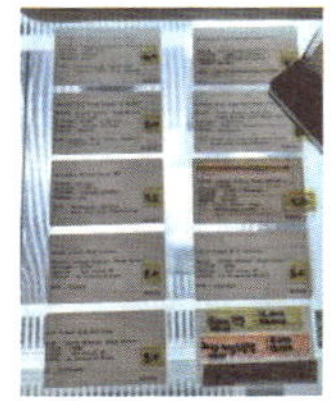

메뉴는 크게 커피, 필터 커피, 톤티 시그니처, 논커피, 디저트로 구성되어 있다.
필터 커피에는 다음과 같은 9종의 싱글 오리진이 준비되어 있다:
콜롬비아 라스 델리시아스 게이샤 허니, 케냐 니에르 힐 AA 탑 워시드, 에티오피아 구지
우라가 고구구 G 워시드, 에티오피아 구지 우라가 히로 와추 레드 허니, 과테말라 안티구아
디카페인 SHB, 에티오피아 시다마 벤사 두완초 내추럴, 브라질 빈할 WL07 코코넛, 브라질
빈할 WL44 초콜릿, 브라질 빈할 WL56 레드 그레이프
디저트로는 조지아 케이크 (크림치즈, 코코아), 사과점 스콘, 말차 스콘이 준비되어 있다.

.필터 커피 레시피 (아이스)
마르코 폴로사의 SP9 드립 머신을 사용하여 원두 18g에 물 150g을 푸어링하여 커피를
추출했고 잔에 얼음을 채워 서빙했다.
핫인 경우에는 원두 18g에 물 300g을 푸어링한다고 하며 원두마다 조금씩 다르다고 한다.

.필터 커피 (Brazil Vinhal WL07 Coconut)
첫 모금에 코코넛 향이 강하게 올라온 후 이어서 레몬의 산미와 사탕수수 같은 자연스러운
단맛이 뒤를 이어 맛의 균형을 이루었고, 코코넛 향이 전체를 지배하는 깔끔한 커피였다.
발효 과정을 거친 허니 프로세스 커피라고 한다.

.조지아 케이크 (크림치즈)
받은 케이크를 눌러서 먹으라는 주문이 있었고, 한입 떠먹으니 크러스트한 소보로와 달콤하고
부드러운 크림이 섞여 순하게 들어오는 먹기 편한 홈 스타일 컵케이크였다.

서울 중구 다산로24길 15 1층 세컨핸드 브루어스
https://www.instagram.com/secondhandbrewers

청구역 3번 출구에서 나와 8분 정도 가다 보면 나오는 기존 동네의 모습을 한 골목에서
'세컨핸드 브루어스'를 만날 수 있다. 붉은 벽돌 건물 1층에 있으며 전면 유리를 통해 검게
보이는 내부 모습이 세련되면서도 왠지 따뜻하게 느껴졌다. 문을 열고 들어가니 약간 어두운
실내에 작은 빛들이 곳곳을 비추는 긴 직사각형의 공간이 나타났다. 그레이 톤으로 꾸며진
실내에 명도가 다른 그레이 톤 가구들이 배치되어 있어서 톤온톤 느낌의 인테리어로
모던하면서도 미니멀한 느낌을 주었다. 스피커에서 은은하게 흘러나오는 비트 있는 음악은
이곳 분위기를 완성해 주는 듯했다. 이곳 사장님은 일본 건축가 안도 타다오를 좋아하여 그의
건축물에서 콘셉트를 가져왔다고 한다. 손님들은 강제된 길로 입장해야 하며, 입장하고 나면
아늑하고 편안한 자리가 보장된다는 의미로 벽과 단차로 공간을 분리하고 조명의 색도
달리했다고 한다. 크지 않은 공간이었지만 곳곳에서 사장님의 세심함을 엿볼 수 있었다.
'세컨핸드 브루어스'라는 이름은 지속가능성을 염두에 두고 지은 것이라고 한다.

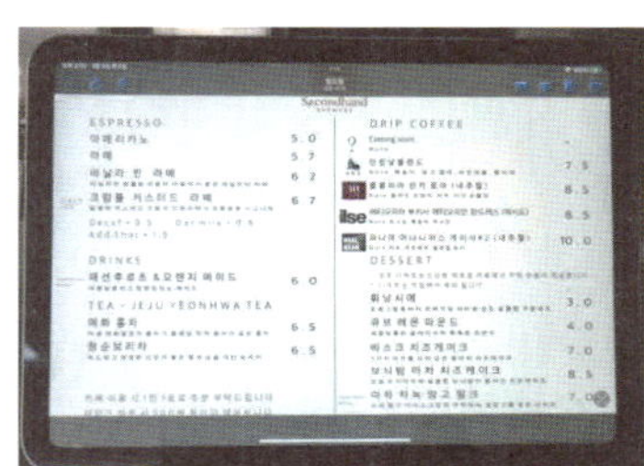

메뉴는 크게 에스프레소, 드링크, 드립 커피, 디저트로 구성되어 있다.
시즌별로 각기 다른 로스터리에서 다양한 원두를 수급하여 드립 커피로 제공하고 있으며,
이날은 드립 커피를 위해 다음과 같은 원두들이 준비되어 있었다:
잔칫날 블렌드 (프린츠), 콜롬비아 핀카 로마 (오나), 에티오피아 부키사 에티오피안 란드레스
(일사), 파나마 어나니머스 게이샤 #2 (리얼).
디저트는 신선한 재료로 카페에서 직접 만들어 제공하고 있다:
휘낭시에, 큐브 레몬 파운드, 바스크 치즈케이크, 보늬밤 말차 치즈케이크, 마하차녹 망고 밀크.

.드립 커피 레시피
하리오 V60 메탈 드리퍼를 사용하여 원두 18g에 물 280g (1:15.5)을 푸어링하여 240g 정도의
커피를 추출한다고 하며, 각 커피의 특성에 따라 블루밍 타임 등을 조절하여 적정한 맛을
이끌어낸다고 한다.

.드립 커피 (파나마 어나니머스 게이샤#2 (리얼빈))
재스민 향, 견과류의 고소함이 복합적으로 섞인 독특한 첫맛에 이어서 라즈베리의 산미와
주시한 단맛, 티의 쌉쌀함이 뾰족한 모서리를 다듬어 놓은 듯한 맛으로 부드럽게 뒤를
이어갔다.

.라떼
미디엄 다크의 에스프레소가 풍성한 맛을 가진 우유와 만나서 비터니스가 강조된 밀크 초콜릿
음료 같은 맛을 내고 있었다. 깔끔하면서도 부드러운 질감을 가지고 있었다.

서울 중구 명동3길 17 충일빌딩 2층
https://www.instagram.com/upnd_coffee

명동역 6번 출구에서 나와 7분 정도 중앙 통로를 지나 쭉 가다 보면 나오는 한 골목의 빌딩 2층에 '어펜드커피로스터스'가 위치해 있다. 벽을 따라 난 전면 유리창과 그 아래에 길게 놓인 그레이 계열의 벤치형 의자, 그리고 베이지 계열의 벽을 배경으로 홀 한가운데 큰 자리를 차지하고 있는 'U'자 형의 커피 바와 그 옆에 위치한 로스팅 룸 등이 이곳 내부 모습으로, 로스터리 카페에서 느낄 수 있는 전문성과 손님을 많이 받을 수 있는 관광지 카페의 느낌이 공존하고 있는 듯했다. 스피커에서 나오는 비트 있는 팝송은 마치 바닷가로 오라고 부르는 듯했다.

'어펜드커피로스터스'는 오픈한 지 4년째로, 명동이라는 복잡한 거리에서 아늑하면서도 조용한 공간을 만들어 그곳에서 직접 로스팅하여 신선한 스페셜티 커피로 만든 필터 커피와 시그니처 음료를 맛있는 디저트와 함께 제공하는 곳이라고 한다.

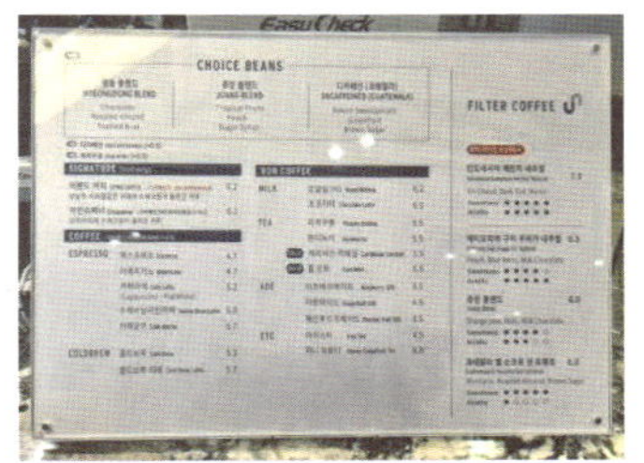

메뉴는 크게 시그니처, 커피, 논커피, 필터 커피로 구성되어 있다.
커피 메뉴는 명동 블렌드, 쥬앙 블렌드, 디카페인 (과테말라) 중에서 원두를 선택할 수 있다.
필터 커피에는 다음과 같은 원두들이 준비되어 있다:
인도네시아 케린치 내추럴 (이달의 커피), 에티오피아 구지 우라가 내추럴, 쥬앙 블렌드,
과테말라 엘 소코로 산 로렌조.
디저트에는 휘낭시에 (플레인, 아몬드 크로칸트, 무화과), 스콘 (플레인, 초코청크)이 준비되어
있다.

.필터 커피 레시피
핫 커피의 경우, 브루잉 머신 '마르코 SP9'을 사용하여 원두 20g으로 200g의 커피를 추출한 후
80g의 물을 추가하여 커피를 완성한다.

.필터 커피 (인도네시아 케린치 내추럴)
첫 모금이 들어가기 전에 코 주변으로 포도 향이 살짝 들어왔고, 들이킨 후에는 작은 알갱이
포도에서 나올법한 과일향의 산뜻한 산미와 칼칼한 떫은맛이 느껴져서 마치 포도 맛을 커피로
옮긴 듯했고 좋은 단맛과 적당한 바디감으로 맛의 균형을 이루었다.

.스콘 - 초코청크
바삭한 스콘에 촘촘히 박힌 초콜릿 조각과 소금 알갱이의 짭짤함이 재미를 줬다.

서울 중구 충무로5길 6-1 2층
https://www.instagram.com/mcculleecoffee

을지로3가역 9번 출구에서 나와 3분 정도 가다 보면 작은 골목이 나오는데, 그 골목으로
들어서면 바로 '맥컬리커피'를 만날 수 있다. 인쇄소와 식당이 혼재된 곳의 작은 건물 2층에
위치한 이곳은 2층 창문에서 반짝이는 네온사인과 1층에 배치된 간판으로 인해 찾는 데
어려움이 없었다. 작은 계단을 올라 2층으로 올라가 문을 열고 들어가니 로스팅실, 바, 창가에
몇몇 좌석이 놓여 있는 아담한 공간이 나타났다. 'McCullee COFFEE' 네온사인 주변으로 여러
사진 액자들이 놓여 있었고, 실내 한쪽 구석에는 미국 국기가 걸려 있는 모습이 눈에
들어왔다. 스피커에서는 트럼펫 소리와 함께 흘러간 팝송이 계속 흘러나와 미국의 한 지역
로컬 카페 느낌을 물씬 풍기고 있었다.
이곳 사장님은 50~60년대 다이닝 바 무드를 좋아해서 바를 전면에 배치했고, 개인적으로
좋아하는 밝은 노랑, 초록, 브라운 색들을 곳곳에 배치해 놓았으며, 벽에 걸린 사진들은 본인이
모은 것과 장인의 부모님 사진들이라고 했다.

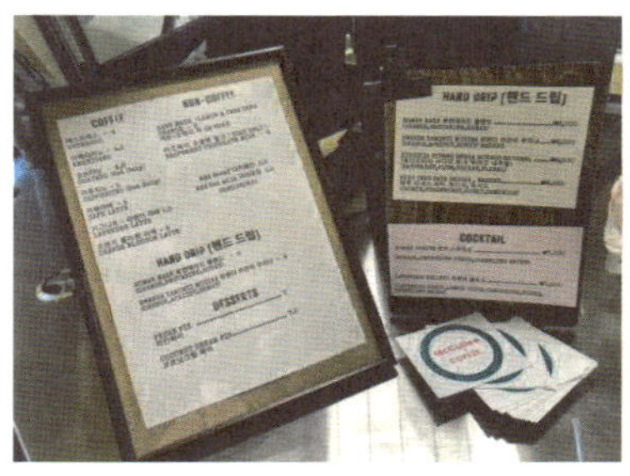

메뉴는 크게 커피, 논커피, 핸드 드립, 디저트로 구성되어 있다. 디저트로는 피칸 파이와 코코넛 크림 파이가 있다. 또 다른 메뉴판에는 칵테일과 핸드 드립 메뉴가 있었고, 핸드 드립에는 다음과 같은 4종의 원두가 준비되어 있다:
로만 메이드 블렌드, 르완다 카몬이 무지나, 에티오피아 시다모 벤사 무라고 내추럴, 페루 이네스 파타 게이샤 워시드.
직접 제작한 티셔츠도 판매 중이었는데 판매 금액의 10%는 남산원 아이들의 기초 생활비 지원 용도로 사용된다고 한다.

.핸드 드립 레시피
칼리타 웨이브 드리퍼를 사용하여 원두 20g에 1:15인 300g의 물을 푸어링하여 커피를 추출한다.

.로만 메이드 블렌드 (핸드 드립)
사과의 질감과 단맛에 홍차의 쌉쌀함, 오렌지 산미가 더해져 은은하게 퍼져나갔고, 어느 정도의 무게감이 커피 맛을 받쳐주는 부드러운 맛의 커피였다.
- 에티오피아, 르완다, 콜롬비아 블렌딩

.코르타도
에스프레소 맛이 진하게 느껴지는 부드러우면서도 끝끔한 커피 우유였고, 진하게 한잔 마시고 싶을 때 좋은 음료였다.
에스프레소 40g에 우유 90g이 들어가는 음료라고 했다.

.피칸 파이
파이 조각에 가득 찬 피칸들과 달콤한 설탕, 달걀, 버터가 들어간 필링의 조합이 좋았다.
이곳 주인 로만의 부인의 할머니 레시피로 만들었다고 하는데 가정식의 푸근한 맛이 그대로 전달되고 있었다.

서울 중구 필동로 32 낙원빌딩 1층
http://www.instagram.com/hebe_coffee

충무로역 1번 출구에서 바로 오른쪽으로 꺾여 작은 도로를 따라 8분 정도 가다 보면 여러
소소한 가게들이 늘어선 작은 언덕배기 도로변에서 하얀 건물 입구 옆에 'HEBE'라고 작은
표지판이 붙어 있어서 찾던 곳임을 확인할 수 있었다. 문을 열고 들어가면 입구를 기준으로
오른쪽에는 큰 공간의 로스팅실, 왼쪽은 커피 추출 장비들이 놓여 있는 바가 위치해 있고 그
뒤로 좌석이 배치되어 있는 구조였다. 흰색 배경에 밝은 톤의 나무 가구를 배치하였고
노란색의 작은 조명들이 주변을 비춰주고 있어서 밝으면서도 편안한 카페 분위기를 느낄 수
있었다.
카페 오너인 임지영은 KBrC, 골든커피어워드 등에서 수상한 이력을 가지고 있다고 하고 제법
큰 공간을 차지하고 있는 로스팅실에 스트롱홀드 S9이 설치되어 있고 주변에 많은 생두
포대들이 쌓여 있는 모습들은 이곳이 전문 로스터리 카페임을 말해 주고 있었다.

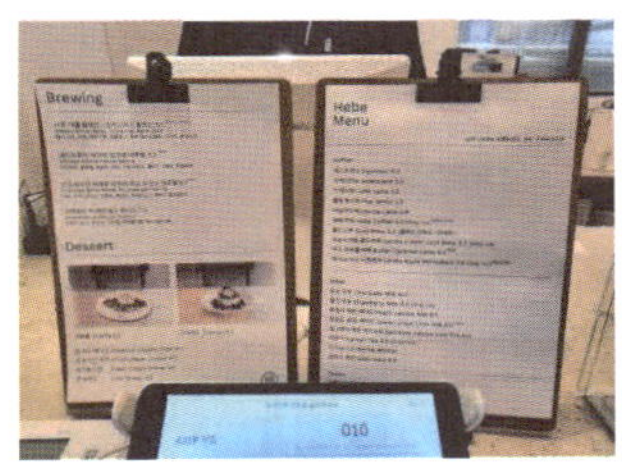

메뉴는 크게 커피와 아더가 포함된 헤베 메뉴, 브루잉, 디저트로 구성되어 있다.
브루잉 커피에는 다음과 같은 원두들이 준비되어 있다:
크리스마스 블렌드 (시즌 블렌드), 에티오피아 시다마 코코세 내추럴, 인도네시아 브네르
므리아 리오 무산소 내추럴, 과테말라 라 메르세드 워시드
디저트로는 크로플, 티라미수, 밤 치즈 케이크, 초코 피칸 쿠키, 생크림 스콘, 콘 브레드가
준비되어 있다.

.브루잉 커피 레시피 (hot)
하리오 V60, 커피 | 20g, 물 온도 | 92도, 뜸 들이기 | 40g/40초
1차 추출 | 100g, 2차 추출 | 90g, 3차 추출 | 70g
물 사용량 | 300g (1:15 비율), 추출 시간 | 2분 30초 내외 (본 온라인 레시피 인용)

.브루잉 커피 (에티오피아 시다마 코코세 내추럴)
재스민, 리치 향과 사과씨의 쌉싸름함을 느낄 즈음 진득한 설탕 시럽의 단맛과 레몬의 산미가
받쳐주고 있었다. 향기로운 커피임에도 부드러움과 무게감이 느껴지는 커피였다.

.카페라떼
큰 컵에 넉넉하게 담겨 나온 라떼는 따뜻한 우유에 다크 초콜릿을 녹이고 진한 단맛을 섞은
것 같은 진한 라떼 맛이었다. 블렌드 '밸런스'를 사용했다고 했다.

63 콤파스 커피 쇼룸

인천 남동구 미래로 42 101호
https://www.instagram.com/compass_coffee_official

인천 시청역에서 12분 정도 거리에 위치해 있는 이곳은 인천 광역시청을 중심으로 형성된
상가 거리 건물 한쪽에 자리하고 있다. 문 옆에 눈에 띄는 나침반 모형이 이곳이 '콤파스 커피
쇼룸'임을 알리고 있었다. 마침 점심시간에 방문하여 주변 직장인들로 카페가 붐벼 좀
기다렸다. 1시쯤 되자 이 지역 커피 맛집임을 증명이라도 하듯 손님들이 거짓말처럼 사라져
기존 공간이 드러났다. 이곳은 쇼룸 기능이 강화된 카페이기에 오후 2시까지만 영업한다고
한다. 카페 내부는 외부에서 본 느낌과는 달리 긴 직사각형의 꽤 넓은 공간이었다. 높은
층고에 전체적으로 화이트 톤을 배경으로 밝은색 원목 가구들을 배치했고, 몇몇 큰 등에서
나오는 노란 불빛들이 은은하게 주변을 비추고 있어서 쾌적하면서도 깔끔한 인상을 주었다.
스피커에서 나오는 울림이 큰 팝송은 이곳에 편안한 활기를 불어넣고 있었다.
콤파스 커피는 매년 커피 산지에 방문하여 생산자를 만나고 생두를 수입하여 로스팅하는
회사이다. 인천 가좌동에 생두 창고와 로스팅 공장을 운영하고 있고, 구월동 인천 시청 앞에서
쇼룸을 운영하고 있다.

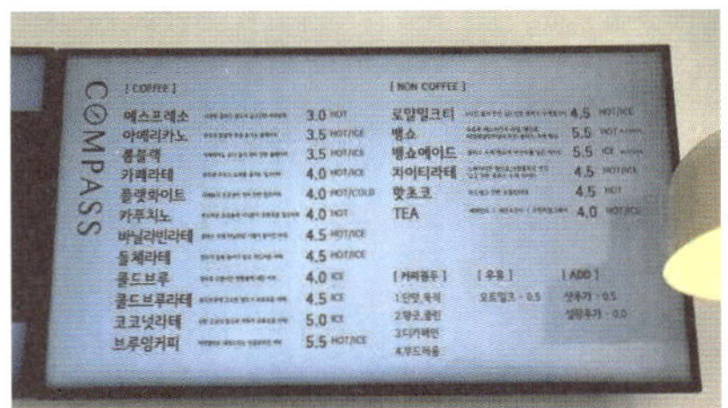

메뉴는 커피와 논 커피로 음료 위주로 구성되어 있고 디저트는 따로 제공하고 있지 않다.
커피 메뉴에서 원두는 블렌드인 웨스트, 이스트, 얼리 버드와 디카페인 중에서 선택 가능했다.

.브루잉 커피
하리오 V60 드리퍼를 사용하여 원두 30g에 물 300g을 수차례에 나누어 푸어링한 다음에
가수하여 커피를 완성했다.
보통은 원두 20g을 사용한다고 한다.

.브루잉 커피 (에티오피아 방코 고티티 내추럴 무산소 저온발효)
받아든 커피 잔 근처에서부터 달콤한 과일 향이 올라왔고 한입 들이키니 진한 단맛을 가진
부드러운 망고가 쌉쌀한 티와 섞여 밸런스를 맞췄고 베리류의 산미가 깔끔하게 뒤를 이어갔다.

.플랫 화이트
고소하면서도 묵직한 블렌드로 만들어진 플랫 화이트는 밀크 초콜릿이 우유에 녹아든 듯한
고소하면서도 약간의 산미가 느껴졌고 우유의 묵직함보다는 라이트 하면서도 깔끔한 맛이었다.

인천 미추홀구 인하로318번길 12-13 3treet삼거리다방
https://www.instagram.com/3treet_coffee

인천 신기 시장에서 8분 정도 거리에 있는 진흥아파트 단지 입구 쪽 모서리에 위치한 붉은 벽돌집 '삼거리 다방'을 볼 수 있다. 작은 입구를 들어서니 점점 넓어지는 층고 높은 삼각형의 실내가 나타났다. 쌓여 있는 생두 포대들, 각종 커피 관련 장비들로 실내가 꽉 차 있어서 로스터리 카페의 위상을 그대로 드러내고 있었다. 건물 뒤편에 있는 입구로 가서 신발을 갈아 신고 2층으로 올라가면 클래식 가구로 꾸며진 조금은 낡은 듯한 공간이 나오고 스피커에서 흘러나오는 클래식 음악이 더해져 시간이 멈춘 듯한 느긋함이 있었다.
인천 삼거리 다방의 바리스타이자 로스터기 '버닝 로스터기' 이대열 대표는 해외에서 들여온 로스터기의 여러 불합리한 점들을 깨닫고 직접 개발에 나서서 만든 제품이 '버닝 로스터기'이며 특허로 등록되어 있다고 한다. 또한 이곳은 '버닝 로스터기' 쇼룸으로 사용하려고 만든 공간으로 출발한 곳으로, 커피를 찾아 아프리카 산지에서부터 선별하여 로스팅, 블렌딩, 테이스팅을 거쳐 주인의 철학이 담긴 커피를 손님들께 제공하는 지금의 공간이 되었다고 한다.

메뉴는 크게 커피, 논커피, 디저트, 세트 메뉴로 구성되어 있다.
디저트에는 레몬 마들렌, 말렌카, 수제 생초콜릿 2거, 몽블랑이 준비되어 있다.
커피 메뉴와 브루잉 커피에는 다음과 같은 원두들이 준비되어 있다:
과테말라 인헤르또 게이샤 워시드 (시즈널 스페셜 커피),
로빈슨크루소 보물섬 허클베리핀 어린왕자, 시크릿가든 빨간머리앤 피노키오 (3treet 시그니처 블렌드)
케냐, 에티오피아 등 (싱글 오리진)
브루잉 커피를 주문하는 순서는 다음과 같다.
step1 원두 선택 -> step 2 추출 도구 선택 (핸드드립, 사이폰, 케멕스(2인 이상))

.핸드드립 레시피
칼리타 드리퍼를 사용하여 원두 두 스쿱(약 20g)에 물을 여러 차례에 걸쳐 드립하여 커피 추출을 완성한다고 한다.

.핸드드립 (과테말라 엘 인헤르또 게이샤 워시드)
청포도의 산미와 향이 기분 좋게 느껴질 즈음 다크 즈콜릿의 쓴맛과 진한 단맛이 더해져 강렬한 맛으로 이어졌고 와인의 탄닌과 같은 떫음이 밑에 깔려 있었다. 깊으면서도 부드러운 맛이었다.

.아메리카노
미디엄 다크 정도의 쓴맛과 고소하고 뭉근한 단맛이 거우러진 진한 맛이 느껴졌고 부드러움과 깔끔함으로 마무리되었다.

.수제 초콜릿
향긋한 향이 살짝 느껴지는 진한 단맛을 가진 초콜릿은 씹을 때 스르륵 녹아내리는 경쾌함을 가지고 있었다.

인천 부평구 대정로 7 106호
https://www.instagram.com/puro_coffee_house

부평시장역 2번 출구에서 나와 바로 오른쪽으로 돌면 도로변 상가 중 한 곳의 흰 차광막 위에
검은색으로 쓰인 'PURO COFFEE HOUSE'가 멀리서도 이곳을 찾을 수 있을 정도로 뚜렷하게
보였다. 전면이 유리로 된 입구를 지나 실내로 들어서면 긴 직사각형의 아담한 공간이 나왔고,
높은 층고 덕분에 답답함 없이 쾌적함을 느낄 수 있었다. 또한 내부 공간을 블랙과 화이트
톤을 배경으로 블랙과 원목 가구들을 적절히 배치하여 모던하면서도 따뜻한 느낌을 동시에
주었고, 스피커에서 흘러나오는 적당한 템포의 음악은 이곳에 활기를 더해주는 듯했다.
푸로커피하우스는 부평의 작은 로스터리로, 깨끗하고 좋은 커피를 고객들과 나누고자 하며,
마스터 오브 카페, 코리아 커피 어워즈 등 여러 커피 관련 대회에서 수상하며 실력을 쌓아가고
있다.

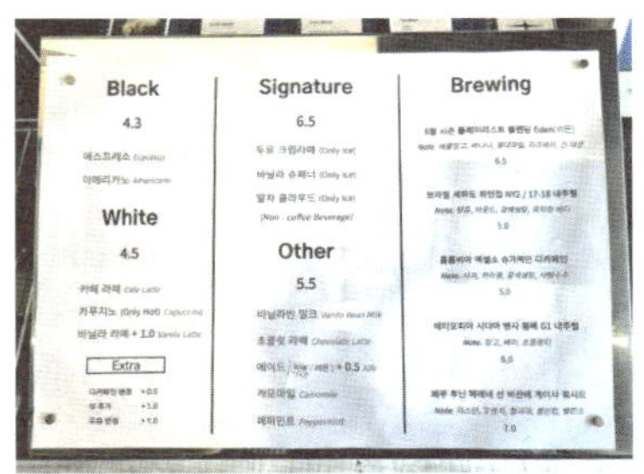

메뉴는 블랙, 화이트, 시그니처, 아더, 브루잉으로 구성되어 있다.
에스프레소 메뉴는 블렌드인 PURO, PRUIT와 Decaffeine 중에서 원두를 선택할 수 있다.
브루잉에는 다음과 같은 5종의 원두가 준비되어 있다:
6월 시즌 플레이리스트 블렌딩 Eden(이든), 브라질 세하도 파인컵 NY2 / 17-18 내추럴,
콜롬비아 엑셀소 슈가케인 디카페인, 에티오피아 시다마 벤사 봄베 G1 내추럴, 페루 후닌
페레네 산 비산테 게이샤 워시드
휘낭시에, 마들렌, 르뱅 쿠키, 말렌카 꿀 케이크, 바스크 치즈케이크 등이 디저트로 준비되어
있다.

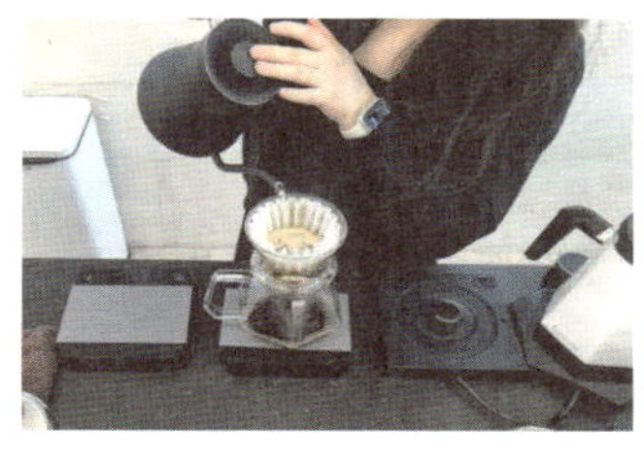

.브루잉 레시피
브뤼스타 타겟 넥스트 드리퍼를 사용하여 원두 17g어 물 160~180g을 수차례 푸어링하여
커피를 추출한 후 40g을 가수하여 커피를 완성했다.

.브루잉 커피 (6월 시즌 플레이리스트 블렌딩 Eden)
향을 모아놓은 유리컵 위로 달콤한 와인 향이 올라왔그, 한 모금 들이켜니 너츠의 고소함과
자몽의 쌉싸름한 산미가 부드럽게 섞일 즈음 연한 단맛이 들어와 밸런스를 이루며 깨끗한 한
잔의 커피 맛을 완성했다.

.두유 크림 라떼
스푼으로 떠서 먹은 크림은 달콤하고 짭짤하면서도 고급 아이스크림처럼 부드러웠고, 전부
섞어 마시니 에스프레소 쓴맛이 더해져 아포가토를 연상시키는 맛으로 변했지만 여전히
고소함을 유지하고 있었다.

인천 연수구 송도과학로28번길 8 트리플타워 EAST SM1블럭 130, 131호
http://www.instagram.com/linchpin.kr

송도 테크노파크역 2번 출구에서 나와 12분 정도 걷다 보면 트리플 타워 스트리트 몰 한쪽에
위치한 '린치핀'을 볼 수 있다. 블랙 프레임의 외관에서 강렬함보다는 깔끔함을 느끼며 안으로
들어가니 블랙 앤 화이트의 꽤 널찍한 실내가 한눈에 들어왔다. 외벽을 따라 난 전면 창과
블랙으로 단장된 커피 바, 단차가 있고 파티션으로 나뉜 테이블이 놓인 공간들의 조합은
밝으면서도 모던한 느낌을 주었고, 스피커에서 흘러나오는 적당한 음량의 비트 있는 음악은
이곳에 생동감을 더했다.
2020년에 오픈하여 5년째를 맞이한 카페 '린치핀'은 수레나 자동차의 바퀴가 빠지지 않도록
축에 꽂는 핀과 같은 의미로, 커피, 베이커리, 공간, 그리고 서비스까지 일상에 중요한 핵심이자
동반자가 되겠다는 의미로 시작된 브랜드이다. '우리의 커피가 누군가를 행복하게 해줄 수
있다'는 믿음으로 스페셜티 커피의 대중화를 꿈꾸며, 그 길을 한 걸음 한 걸음 걸어왔고
앞으로도 이곳을 찾는 손님들의 일상 속으로 한 발 더 다가가고자 노력할 것이라고 한다.

메뉴는 크게 시그니처, 커피, 에스프레소, 콜드 브루, 스위트 밀크, 티&아이스티, 스파클링,
상하 팜 아이스 컵 등으로 구성되어 있다. 제스트 클라우드, 말차 밤 라떼, 솔티드 캐러멜
아이스 컵 등이 계절 메뉴로 준비되어 있다.
커피 메뉴는 블렌드인 JET BLACK, Lily White, Freedom (caffeine free) 중에서 원두를 선택할
수 있다.
다음과 같은 4종의 원두는 브루잉, 숏 블랙, 롱 블랙, 화이트로 주문이 가능하다:
에티오피아 시다마 알레타 원두 워시드, 콜롬비아 티피카 워터멜론 워시드 코 퍼멘티드,
콜롬비아 라스 플로레스 옴블리곤 내추럴, 콜롬비아 엘 엔칸토 게이샤 이그조틱 워시드.

이곳에서 베이킹한 다양한 케이크와 스콘 등이 디저트로 준비되어 있다:
티라미수, 바스크 치즈 케이크, 피칸 바닐라 타르트, 갸또 (말차, 체리 쇼콜라),
스콘(플레인, 크렌베리, 아몬드 글레이즈드, 바질 치즈 토마토, 딸기 글레이즈드, 옥수수
크림치즈, 솔티드 모카), 아이엠 그루트(인절미 초코 롤케이크)

.필터 커피 레시피 (핫)
메탈 하리오 드리퍼 V60, 파라곤 드립 스탠드를 사용하여 원두 25g에 물 250g을 수차례에
걸쳐 푸어링하여 커피를 추출한 다음 적정량의 가수를 통해 커피를 완성한다.
칠링한 파라곤 볼은 추출하는 동안 커피 향을 가두는 역할을 하므로 좋은 향이 나오는 초반에
사용하고 안 좋은 향이 나올 수 있는 후반에는 뺀다고 한다.

.필터 커피 (콜롬비아 엘 엔칸토 게이샤 이그조틱 워시드)
첫 모금에 발효된 향과 아카시아 향이 섞인 복합적이면서도 강렬한 향을 느낄 즈음 흰 설탕의
은은하면서도 진한 단맛과 순한 자몽의 산미가 뒤를 이어 진하면서도 깨끗한 맛을 완성했다.

.말차 밤 라떼
맨 위에 올려진 밤과 부드러운 말차 크림을 먹은 후에 빨대로 음료를 들이켜니 아이스
카페라테와 쌉싸름한 말차 크림이 동시에 입안으로 들어와 독특하면서도 조화로운 맛을
만들었고 부드러움이 전체를 감쌌다.

.바질치즈 토마토 스콘
바사삭 부서지는 스콘에 깃든 바질 향은 풍부했고 고소한 치즈와 새콤한 토마토 조각이
더해져 맛있는 디저트가 완성되었다.

67 커피화 로스터스 본점

인천 연수구 송도과학로27번길 70 롯데 캐슬 상가 107호, 108호
https://www.instagram.com/coffee_hwa_roasters/

캠퍼스타운역 2번 출구에서 나와 10분쯤 직진하면 나오는 롯데캐슬 상가 1층에서 '커피화 로스터스 본점'을 만날 수 있다. 노란 차광막과 유리로 된 전면 앞에 놓인 야외 좌석은 밝으면서도 친근한 로컬 카페의 첫인상으로 다가왔다. 문을 열고 들어가니 역시나 밝고 화사한 공간이 한눈에 들어왔다. 노출된 천장과 흰색 벽을 배경으로 합판 재질 가구를 배치하여 빈티지하면서도 친근한 공간을 만들었고, 전면 창으로 들어오는 햇빛과 삼삼오오 모여 앉은 손님들의 온기로 따뜻함이 더해졌다. 스피커에서 흐르는 적당한 비트감이 있는 음악은 실내 분위기를 해치지 않으면서 잔잔한 활기를 주고 있었다.

'커피화 로스터스'를 지휘하는 오너 최건우는 여러 대회에서 수상한 빛나는 경력과 함께 로스팅과 브루잉에 대한 전문 지식으로 인정받고 있으며 '맑고 깨끗한 풍미'에 중점을 둔다고 한다. 또한 이곳은 시그니처 핸드드립 옵션과 다양한 싱글 오리진 원두로 유명하며 바리스타의 숙련도가 높고 원두 품질 관리가 엄격하여 송도 주민들과 주변 직장인들에게 실패 없는 커피 맛집으로 알려져 있다.

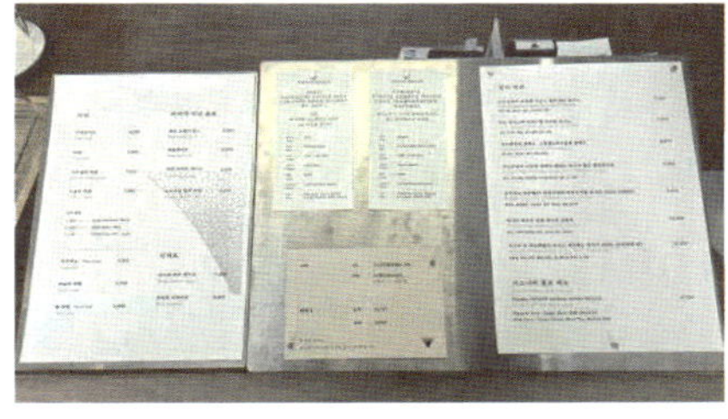

메뉴는 크게 커피, 커피가 아닌 음료, 디저트, 필터 커피로 구성되어 있다.
에스프레소 메뉴는 블렌드인 짙은, 산들, 고요 중에서 선택할 수 있다.
'시그니처 콤보 메뉴'는 '파나마 세비지 앤썸 게이샤' 에스프레소 커피와 밀크 베버리지를
세트로 만 원에 제공하고 있다.
필터 커피에는 다음과 같은 7종의 원두가 준비되어 있다:
에티오피아 코체레 사오나 셀렉션#2 워시드, 인도 랏나그리 SLN9 랩 다크룸 워시드,
언스페셜티 블렌드 스칼렛&바이올렛 블렌드, 에티오피아 니구세 게메다 케라모 하이사 콜드
펄먼테이션, 온두라스 라우렐3 파라이네마 버라이어탈 워시드, 파나마 세비지 엔썸 게이샤
내추럴, 파나마 라 에스메랄다 카나스 베르데스 게이샤 4ANB.
디저트에는 바스크 치즈 케이크, 커피화 티라미수, 스콘 (얼그레이, 초코칩), 에그타르트가
준비되어 있다.

.필터 커피 레시피
UFO 드리퍼를 사용하여 원두 15g에 물 240g (1:16)을 수차례에 걸쳐 푸어링하여 커피를
추출했다.

.필터 커피 (인도 랏나그리 SLN9 랩 다크룸 워시드)
견과류와 볶은 옥수수를 섞어놓은 듯한 고소함과 키위의 상큼한 산미, 슈거 케인의 신선한
단맛이 어우러진 깔끔한 맛이었다. 식어감에 따라 구아바의 향이 살아났다.

.에스프레소 (짙은)
다크 밀크 초콜릿에 응축된 산미가 더해져 부드러우면서도 깔끔한 맛으로 마무리했다.

인천 옹진군 영흥면 선재로 55
https://www.instagram.com/ppeoldabang

대부도와 영흥도 사이에 위치한 선재도 어느 지점에서 내비게이션이 종료되었고, 우리는
이곳의 자체 주차장으로 들어갔다. 제법 넓은 규모의 주차장은 카페를 이용하면 2시간은
무료라고 한다. 2차선 도로를 건너 계단을 이용해 내려가면 가슴이 탁 트이는 바다와 그
주변으로 좌석들이 놓여 있는 이국적인 풍경이 눈에 들어왔다. 바다 풍경을 뒤로하고 안으로
들어가면 '뻘 다방'이라는 커다란 글씨가 쓰인, 왠지 모르게 기분을 들뜨게 하는 노란 건물을
볼 수 있다. 노출된 시멘트와 흰 벽을 배경으로 나무 재질의 가구들이 배치되어 있었고, 마른
짚 같은 재질의 처마, 서핑 보드 등으로 장식된 실내를 라탄 재질의 커다란 전등에서 나오는
노란 불빛들이 은은하게 비치고 있어서 휴양지 카페의 편안한 분위기를 만들고 있었다. 한편
스피커에서 흐르는 은은한 재즈 음악은 한여름 날의 느긋함을 더해주는 듯했다.
'뻘다방'은 사진가 김연용 씨가 운영하는 곳으로, 카페 한편에 사진 장비들과 기록들이
전시되어 있었다. 2층에 있는 뻘로장생 갤러리에서는 다양한 예술 전시를 하고 있다고 한다.

메뉴는 크게 커피, 밀크 음료, 음료/티, 허브티, 맥주, 브루잉, 뻘다방 시그니처 메뉴, 칵테일로 구성되어 있다.
커피 메뉴는 블렌드, 스페셜티, 디카페인 중에서 원두를 선택할 수 있다.
드립 커피에는 5종의 원두가 준비되어 있다:
뻘다방 체 블렌드, 뻘다방 아바나 블렌드, 에콰도르 시드라 워시드, 콜롬비아 게이샤 워시드, 파나마 게이샤 워시드.
앙버터 크럼블, 파운드케이크, 마늘 바게트, 몽블랑, 허니 갈릭 페이스트리, 베이크 크루아상, 애플파이, 쿠키 등의 구움 과자와 다양한 케이크와 크로플이 디저트로 준비되어 있다.

.드립 커피 레시피
푸어스테디 브루잉 머신과 하리오 V60 드리퍼를 사용하여 원두 22g에 물 270g을 4번에 걸쳐 푸어링하여 커피를 추출한다고 한다.

.드립커피 (에콰도르 루그마파타 시드라 워시드)
첫 모금에 피치의 향긋한 향과 견과류의 고소함이 느껴졌고, 와인의 부드러운 산미와 슈거 케인의 자연스러운 단맛이 조화를 이루며 올라오면서 전체적으로 균형을 이루었고 식으면서 재스민 향이 살아났다. 가볍지 않으면서도 부드러운 맛이었다.

.뻘크업
밑에 깔린 우유를 마신다는 느낌으로 크림과 우유를 같이 마시니 달콤하고 고소한 우유 뒤에 밀도 있는 카카오 크림과 견과류 조각들이 씹혀 시원하면서도 부드럽고 순한 밀크 음료였다.

69 커네스 브루잉스팟

경기 고양시 덕양구 용현로53번길 8-4 1층
http://instagram.com/kunes_brewing_spot

행신역 1번 출구에서 나와 12분쯤 가다 보면 나오는 상가주택 단지의 한 모서리에서 '커네스 브루잉 스팟'을 만날 수 있었다. 외부 전면이 유리로 되어 있어서 안이 살짝 들여다 보이는 상태에서 문을 열고 들어서니 우드톤이 지배하는 널찍한 실내가 나왔다. 시멘트 바닥과 노출된 흰색 천장, 벽을 배경으로 합판 느낌의 가구들을 배치하여 썰렁한 듯한 첫인상이 캐노피와 밝은 불빛을 담고 있는 조명들이 더해져서 정감이 느껴지는 공간으로 바뀌었고, 일본 한 동네에 있을 로컬 카페를 조금 더 확장시키면 이런 느낌일 것 같았다.

'커네스 브루잉스팟'은 행신동에 위치한 필터 커피 전문 로스터리 카페이다. 운영한 지 10년이 넘은 '커피네츄럴스페셜티'가 확장 이전하면서 새롭게 태어났고 옛 카페 이름을 줄여서 '커네스'라는 새로운 이름을 짓게 되었는데 '태양'이라는 뜻도 담고 있다고 한다.

이곳은 다양한 스페셜티 브루잉 라인업을 갖추고 있고, '23WBB 드립백 1위, 22마스터오브캡슐 1위, 21GCA 싱글오리진 1위, 21MOC 그랜드슬램 2회 달성, 왕중왕 챔피언, 콜드 1위, 에쏘 1위, 개인 4위 등의 굵직한 수상 경력과 함께 총 45개의 수상 이력이 있을 정도로 커피 퀄리티 컨트롤을 위해 항상 노력하고 있다고 한다.

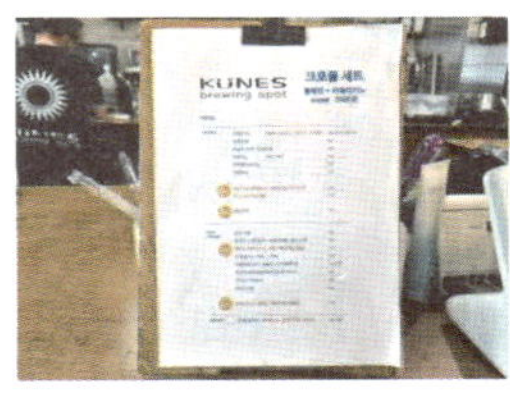
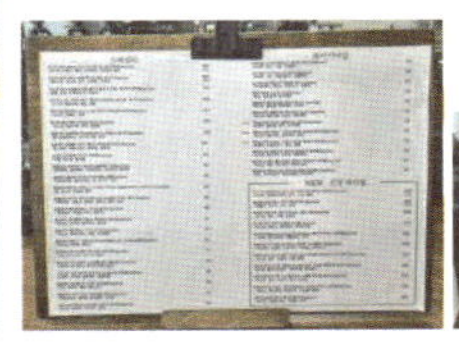
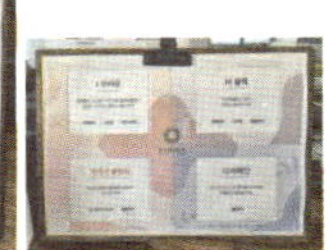

메뉴는 크게 커피, 논커피, 브루잉 커피, 디저트 파트로 구성되어 있다.
아메리카노는 블렌드인 M블랙, J브라운, 게이샤와 디카페인 (콜롬비아) 중에서 선택 가능하다.
브루잉 파트는 약 46종의 원두들이 스페셜티, 하이커머셜, 신상 라인업으로 분류되어 제공되고
있다:
.스페셜티 - 파나마 핀카 데보라 이니그마 게이샤 CM 내추럴, 파나마 라마스투스 또래 게이샤
DRD 워시드, 인도네시아 COE #02 마르셀리나 왈루 S-795. 티피카 내추럴, 온두라스 라스
버지니아스 게이샤 COE #05 워시드, 에콰도르 엘도라도 랏 1.2 그린 게이샤 애네로빅 워시드
파나마 잰슨 게이샤 #208 워시드, 콜롬비아 엘 연칸토 이그조틱 게이샤 써멀쇼크 워시드
콜롬비아 알레한드리아 게이샤 에너로빅 워시드, 브라질 과리로바 게이샤 내추럴, 콜롬비아
비야라즈 아르실라 블랙베리 민트, 콜롬비아 톨리마 라 마노아 아마레또 배럴 etc.

.브루잉 커피 레시피
마노 브루잉 머신과 하리오 V60 드리퍼를 사용하여 원두 18g에 물 240g을 푸어링하여 커피를
추출한다.

.브루잉 커피 (에티오피아 타미루 '21COE #1 Lot 74155 무산소 내추럴)
첫 모금에 선명한 그레이프 주스와 견과류의 고소함에 섞인 농익은 맛으로 다가왔고, 베리류의
산뜻한 산미와 티의 쌉싸름함, 신선한 단맛으로 풍부한 플레이버가 이어졌다.
- 2021년 COE에서 1위를 차지했으며, 커피 리뷰 선정 "Top 30 Coffees of 2021" 중 11위에
선정되기도 했다.

.아메리카노 (게이샤 블렌드)
발효된 콩과 향긋한 꽃 향이 섞인 듯한 강렬한 아로마가 첫 모금에서 느껴졌고, 이어 베리류의
산미와 깊은 단맛이 추가되어 진하면서도 풍부한 플레이버가 완성되어 쭉 이어졌다.
- 코스타리카 게이샤, 콜롬비아 블렌딩

경기 과천시 별양상가1로 31 별양상가1로 31 제일상가 3층
https://www.instagram.com/hyoil__

정부과천청사역 1번 출구에서 나와 8분 정도 가다 보면 나오는 한 골목에서, 지도 앱이
가리키는 건물의 3층을 올려다보니 '킹콩 DRIP'이라는 간판이 붙어 있었다. 3층의 막다른
골목에 이곳이 위치해 있었고, 다수의 안내문과 트로피를 뒤로하고 문을 열고 들어가니
대부분의 자리를 손님들이 차지하고 있어서 동네 사랑방 분위기가 물씬 풍겼다.
블랙과 그레이톤이 적절하게 조합된 실내를 노란 불빛의 조명들이 곳곳에서 비추고 있어서
안정적인 분위기를 만들고 있었고, 오픈한 지는 꽤 된 것 같은 세월의 흔적이 느껴졌다.
10년째 이곳에서 영업 중이라고 했다.

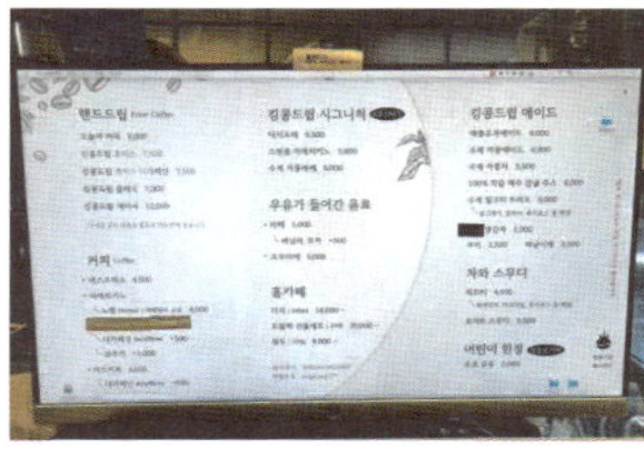

메뉴는 크게 핸드드립, 커피, 킹콩드립 시그니처, 우유가 들어간 음료, 킹콩드립 메이드, 차와 스무디, 홈카페로 구성되어 있다. 아메리카노는 노멀과 과테말라 싱글 중에서 원두를 선택할 수 있다.

핸드드립을 위해 준비된 7종의 원두는 다음과 같았다:
탄자니아 이엥가 AA TOP TFCC #2, 과테말라 라 모레나, 파푸아뉴기니 바로이다 워시드, 에티오피아 케라모 내추럴 G1, 에티오피아 야훼 에이 미 워시드 G1, 브라질 블랙 다이아몬드, 에티오피아 게샤 빌리지 레어리티스.

디저트 냉장고에 콩가루 쑥 티라미수, 얼그레이 티라미수 등과 이곳의 시그니처 커피 음료인 더치커피가 들어있는 모습을 볼 수 있었다.

.핸드드립 레시피
하리오 V60 메탈 드리퍼를 사용하여 원두 20g에 1:16의 비율로 물 320g을 부어 커피를 추출한다.

.핸드드립 (탄자니아 이엥가 AA TOP TFCC #2)
스파이시함 뒤에 피치의 질감이 따라올 때쯤 슈거의 단맛과 사과의 새콤함이 뒤를 이었고 깨끗함으로 마무리되었다.

.별양 블렌드 (더치)
5가지 원두가 블렌딩된 더치커피는 한 모금 들이켜는 순간 달콤한 캔디향과 박카스가 섞인 듯한 향긋한 향이 났고, 산뜻한 산미로 마무리되었다. 더치커피에서 흔히 나던 위스키 향이 나지 않아서 마시기가 편했다.

골든커피어워드 콜드브루 1위를 한 곳으로, 이곳의 시그니처 메뉴라고 할 수 있다.

71 스너그로스터리

경기 광명시 시청로 50 상가 A동 AA123호
https://www.instagram.com/snugroastery

철산역 4번 출구에서 나와 4분 정도 가다 나오는 아파트 단지 주변 상가에서
'스너그로스터리'를 만날 수 있었다. 줄 서 있는 여러 개의 가게들 사이에서 베이지색으로
꾸며진 약간은 낡은 듯한 외관과 야외용 의자와 테이블이 놓여 있는 모습은 왠지 남미의 어떤
곳에 위치해 있을 법한 카페를 연상케 했다. 문을 열고 들어가니 큰 그림이 걸려 있는 붉은
기운의 복도를 마주하게 돼서 마치 정갈한 음식점으로 들어가고 있는 느낌이 들었다. 복도
옆의 좁은 통로를 지나 나온 실내는 베이지색과 주황색을 적절히 배치한 주변을 배경으로
가구 역시 오렌지, 베이지색의 가구들을 적절히 배치하여 산뜻하면서도 밝은 분위기를 만들고
있었고, 스피커에서 나오는 음악은 약한 소리로 손님들의 대화를 전혀 방해하지 않으면서
안정감을 주었다. 매장의 한가운데에 '2017 KOREA NATIONAL CUP TASTERS CHAMPIONSHIP'
우승 트로피가 놓여 있어서 눈길을 끌었다. 이곳은 광명에 위치해 올해로 7년 차를 맞이한
국가대표 바리스타가 직접 운영하는 카페라고 한다.

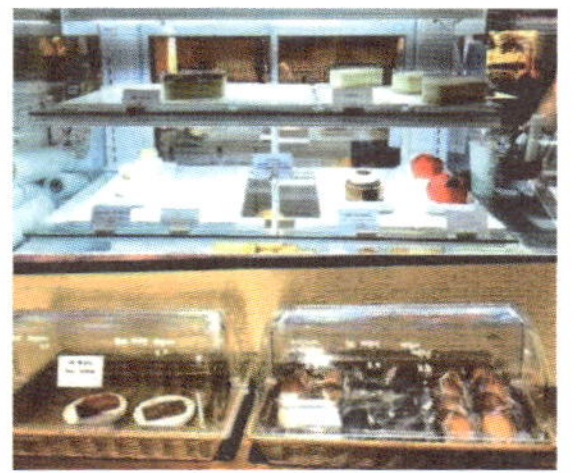

메뉴는 크게 블랙, 화이트, 시그니처, 티, 에이드, 알코올, 아더스로 구성되어 있다.
에스프레소 메뉴는 블렌드인 다락방과 코어와 디카페인 중에서 선택할 수 있다.
핸드드립에는 5종의 원두가 준비되어 있다:
콜롬비아 라스 플로레스 애너로빅 게이샤 워시드, 줄리엣 로즈 블렌드, 중국 운남 보련 피치,
에티오피아 모모라 내추럴 구지, 볼리비아 카라나비 에스페샬 워시드.
디저트 파트에는 과일 티라미수, 티라미수, 바닐라 디칸 무스타르트, 커피 무스타르트, 로즈
무스, 휘낭시에, 마들렌이 준비되어 있고 이곳에서 직접 만들고 있다고 한다.

.핸드드립 레시피
하리오 V60 드리퍼를 사용하여 원두 20g에 물 330g (1:16.5)을 수차례에 걸쳐 푸어링하여
커피를 추출한다.

.핸드드립 (줄리엣 로즈 블렌드)
첫 모금에 로즈 향을 머금은 피치 향에 연한 메주 향이 살짝 섞여 향기롭게 올라왔고,
사탕수수의 신선한 단맛이 사과 씨의 쌉싸름함과 어우러져 뒤를 이어갔다. 전체적으로
독특하면서도 기분 좋은 맛이었다. 운남 커피와 콜롬ㅂ아 커피가 블렌딩되었다고 한다.

.커피 무스타르트
커피 무스와 밀크 초코 크림이 섞여 크리미한 맛이 강하게 느껴질 즈음에, 베이스로 있는 쿠키
질감의 시트지가 맛을 잡아주는 독특한 디저트였다.

경기 남양주시 두물로39번길 43 1층 102호
https://www.instagram.com/58coffee_roasters

용암촌 카페거리 북단 버스정류장에서 내려 3분쯤 가다 보면 거리 입구에서
'58mm커피로스터스'를 바로 만날 수 있다. 평범해 보이는 입구와 그 옆에 놓인 작은 파라솔에
앉아 있는 손님들의 모습이 소박하면서도 정겨웠다. 안으로 들어가니 주변의 옅은 불빛을 받고
있는 우드 커피 바와 로스팅 룸이 바로 보이는 환하면서도 아담한 공간이 한눈에 들어왔다.
전면 유리창을 통해 주변 모습들이 실내로 들어오는 개방감과 드럼통 같은 독특한 모양의
테이블들이 놓여 있어서 마치 실내 속에 야외 같은 느낌이었다. 오픈 초기에 인테리어에
신경을 많이 썼을 것 같은 공간으로 지금은 로스팅, 패킹 작업 등으로 분주함의 인상이 더
컸다. '58mm커피로스터스'의 58mm는 필터 바스켓의 지름을 뜻하는 것으로 이 공간 안에
이곳 사장님이 공부하고 좋아하는 커피의 모든 걸 담겠다는 의미로 2022년 10월에 남양주시
별내동 카페거리에 오픈했다. 가성비 좋은 가격대의 맛있는 커피와 소금빵과 스콘 등
디저트류도 함께 판매하고 있어 가족 단위 방문객도 많은 로컬 카페의 역할을 톡톡히 하고
있으며 온라인상의 원두 판매로도 지명도가 높은 전문 로스터리 카페라고 한다.

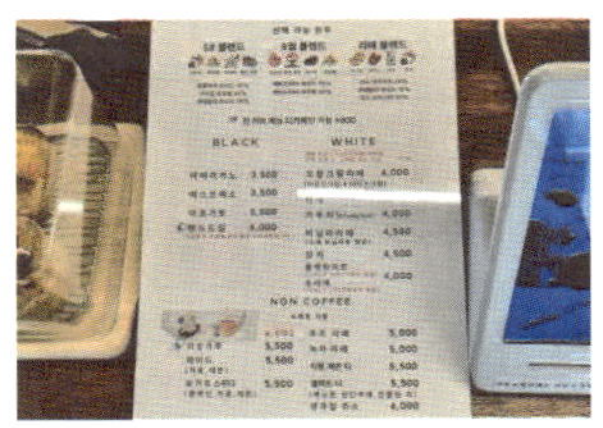

메뉴는 크게 블랙, 화이트, 논커피로 구성되어 있다.
원두는 5월 블렌드, 8월 블렌드, 라떼 블렌드 중에서 선택할 수 있다.
핸드드립에는 다음과 같은 22종의 원두가 준비되어 있다:
추천 1
. 에티오피아 게샤빌리지 수르마 47 게샤 내추럴. 파나마 엘 바하레케 게이샤 워시드
. 코스타리카 코라손 데 헤수스 게이샤 슬로우 드라이 내추럴. 에티오피아 구지 시카소 내추럴
추천 2
. 콜롬비아 CGLE 포토시 핑크 버번 풀리 워시드. 탄자니아 아카시아 힐즈 게이샤 AB PB
워시드. 케냐 챕상고 힐즈 AB TOP 내추럴 하이. 코스타리카 수마바 엘 킨카주 비야사치
블랙문 etc.

.핸드드립 레시피
하리오 알파 드리퍼를 사용하여 원두 18g에 물 280ℊ (15.5:1)을 몇 차례에 걸쳐 푸어링하여
커피를 추출한다.

.핸드드립 (과테말라 와이칸 워시드)
다크 초콜릿과 진하게 달인 조청의 단맛이 어우러져 진득한 커피 맛을 만들었고, 약간의 떫은
산미가 뒤를 이으며 주시한 상쾌함이 느껴졌다.

.에스프레소 (8월 블렌드)
첫 모금에 재스민 향과 찌르는 듯한 산미가 자극적이라 느낄 즈음에 버터리한 부드러움이
맛을 감싸 안았다.
: 에티오피아 워시드 70%, 에티오피아 내추럴 30%

.에그타르트
얇고 바삭한 타르트 껍질 속에 가득 들어 있는 탱글한· 달걀 커스터드 크림, 그 위의 캐러멜
시럽이 한입에 들어와 풍부한 맛을 만들었다.

경기 성남시 분당구 분당로53번길 21 산호프라자 1층
https://www.instagram.com/commandcoffee.co.kr

서현역 4번 출구에서 나오면 바로 보이는 빌딩인 산호 프라자 1층 안쪽으로 조금만 들어가면
'커맨드 로스터스'를 볼 수 있다. 창문으로 보이는 줄 서 있는 손님들의 모습은 찾던 곳임을
바로 알려주고 있었다. 선물 상자 박스 안으로 들어가는 것 같은 느낌으로 문을 열고 들어가니
은은한 조명을 받고 있는 아늑한 공간이 나왔다. 나무 바닥과 벽, 천장의 화이트톤을 배경으로
원목 원형 테이블과 그레이톤 의자들을 배치하여 깔끔하면서도 안정된 분위기를 만들고
있었다. 스피커에서 나오는 리듬감 있는 외국 노래와 시원한 실내 공기는 이곳에 쾌적함을
더해주었다.
'커맨드'는 '인도' 생두만을 전문으로 국내에 수입, 유통하고 있는 회사로 이곳에서 카페를
운영한 지 3년째이고 이곳 로스터스 외에도 에센셜, 파인드드림, 부산점을 운영하고 있다고
한다.

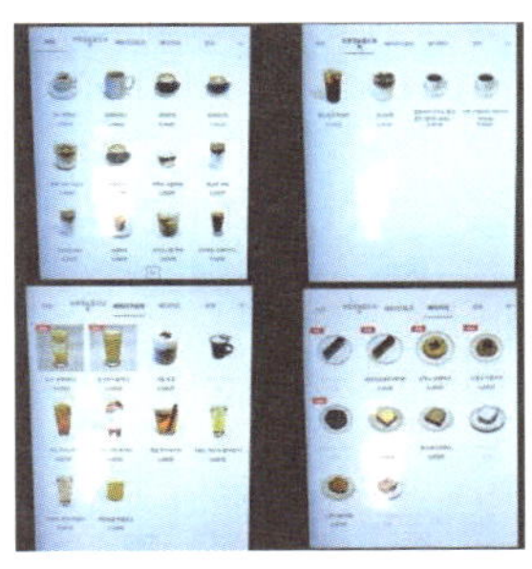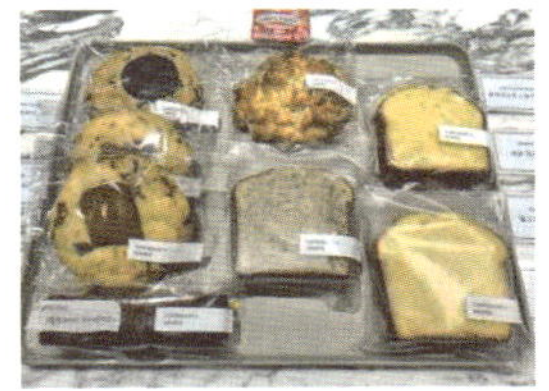

메뉴는 커피, 브루잉&콜드브루, 베버리지&차, 베이커리로 구성되어 있다.
브루잉 커피에는 다음과 같은 2가지 싱글 오리진이 준비되어 있다:
콜롬비아 나리뇨 엘 타블론 레이트 하베스트, 인도 티퍼러리 아라비카.
플레인 버터바, 레몬 라즈베리 버터바, 로투스 르뱅쿠키, 오레오 르뱅쿠키, 더블초코 르뱅쿠키,
얼그레이 파운드, 스콘 (+딸기잼) 등이 베이커리로 븐류되어 제공되고 있다.

.브루잉 레시피
하리오 V60 드리퍼를 사용하여 원두 20g에 물 300g(1:15)을 여러 차례에 걸쳐 푸어링하여
커피를 추출했다.

.브루잉 커피 (인도 티퍼러리 아라비카)
짙은 블랙 티에 초콜릿이 섞인 듯한 쌉쌀함과 약간의 쓴맛이 어우러져 입안에 맴돌았고,
사탕수수의 신선한 단맛과 연한 레몬의 산미가 뒤이어 올라와 깔끔하게 마무리되었다.
그 지역 토양 때문에 차와 같은 맛이 날 수 있다고 한다.

.플랫 화이트
짙은 커피 맛을 달걀 향이 나는 부드러운 우유가 중화시켜 부드러우면서 진한 라테 맛을
만들었다.
인도 원두가 섞인 커맨드 블렌드를 사용했다고 한다.

74 김성민커피 본관

경기 수원시 영통구 권선로882번길 80
http://instagram.com/kimsungmincompany

수원 매탄 권선역 1번 출구에서 나와 12분쯤 가다 보면 나오는 신동 카페거리 끄트머리에서
'김성민커피 본관'을 볼 수 있다. 커피 잡지 표지에 나올 법한 깔끔한 이미지였다. 안으로
들어가니 은은한 조명을 받고 있는 꽤 넓은 공간이 나타났다. 기다란 그레이 바와 블랙의 긴
테이블이 배치되어 있는 입구를 지나 안쪽으로 들어가니 목재로 조각처럼 천장을 장식한
세련되면서도 아늑한 공간이 나왔다. 영하 10도의 추운 날씨에도 많은 손님들로 북적이는
실내는 사람들의 온기로 따뜻하면서도 꽉 찬 모습이었다. 스피커에서 나오는 흥겨운 캐럴은
이곳 분위기를 한층 더 좋게 만들고 있었다.
'김성민 커피'는 수원시 신동 카페거리를 중심으로 여러 직영 매장을 운영하고 있으며 맛있는
커피와 디저트를 제공하는 곳을 넘어, 특유의 서비스와 공간을 제공한다고 한다. 가장 큰
특징은 어떤 음료를 주문하든 아메리카노 1회 무료 리필이 가능하다는 점이고, 두 번째 특징은
좌석마다 콘센트가 잘 갖춰져 있고, 매장이 넓고 쾌적해 노트북 작업을 하거나 공부하는
사람들에게 적합한 장소라는 것이다. 또한 반려동물 동반이 가능하며, 강아지용 메뉴를
판매하기도 해서 강아지와 함께 편하게 머무를 수 있는 분위기여서 지역 주민들로부터 꾸준히
사랑을 받고 있다고 한다.

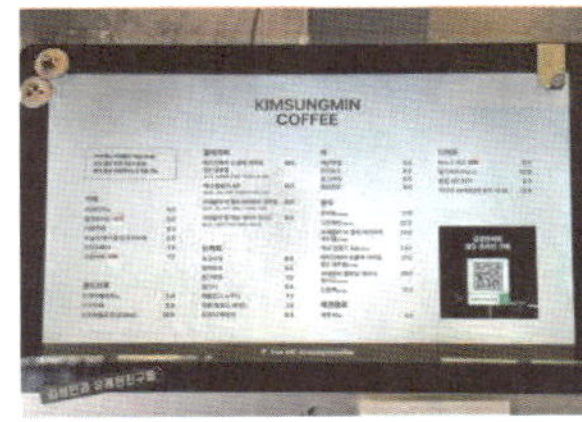

메뉴는 크게 커피, 콜드브루, 필터 커피, 논커피, 차, 애견 음료, 디저트로 구성되어 있다.
모든 음료는 아메리카노로 리필이 가능하다.
필터 커피에는 다음과 같은 원두들이 준비되어 있다:
에티오피아 손콜레 카라토 랏2 내추럴, 케냐 캄왕기 AA, 과테말라 라 벨라 파카마라 내추럴,
과테말라 엘 피날 게이샤 워시드
디저트에는 바스크 치즈케이크, 딸기 케이크, 클럽 샌드위치, 카이막이 준비되어 있다.

.필터 커피 레시피
하리오 V60 드리퍼를 사용하여 원두 20g에 물 250g을 수차례에 걸쳐 푸어링하여 커피를
추출한 후에 물 40g을 더해 총 250g의 커피를 완성한다.

.필터 커피 (에티오피아 손콜레 카라토 랏2 내추럴)
재스민과 복숭아 향이 진득한 단맛과 어우러져 진한 풍미를 만들었고, 자몽이 달여진 듯한
한숨 죽은 산미가 올라올 즈음에 블랙 티의 씁쓸함으로 마무리하며 뒤를 이어갔다.

.바스크 치즈 케이크
고소한 달걀 맛이 살짝 나는 달콤하고 꾸덕꾸덕한 크림치즈가 단단하게 입안에 들어와 풍미를
가득 채웠다.

바스크 크림치즈 케이크의 달고 진한 맛을 에티오피아 필터 커피가 깔끔하게 정리해 주어
둘의 조합이 좋았다.

경기 수원시 영통구 권선로882번길 43-53 1층 어라운드커피
http://instagram.com/aroundcoffee

매탄권선역 1번 출구에서 나와 12분 정도 가다 보면 신동 카페거리가 나오고 그 거리의 작은 도로변에서 '어라운드커피'를 만날 수 있다. 외벽에 크게 쓰인 'AROUNDCOFFEE'가 바로 눈에 띄어 쉽게 찾을 수 있었다. 건물 한쪽에 위치한 작은 문을 통해 입장하니 널찍한 공간과 그곳을 채우고 있는 손님들이 바로 눈에 들어와 로컬 커피 맛집임을 알 수 있었다. 헤링본 스타일의 원목 바닥, 블랙 천장, 옐로와 딥 블루 벽을 배경으로 블랙과 그레이, 우드 외 다양한 형태의 가구들이 적절하게 배치되어 있었고, 곳곳에서 비치는 은은한 조명이 더해져 묘한 조화를 이루며 클래식하면서도 안정된 분위기를 만들고 있었다. 스피커에서 흘러나오는 낮은 음량의 음악은 손님들의 대화를 방해하지 않으면서도 실내 분위기에 생기를 불어 넣었다. '어라운드커피'는 양질의 커피를 합리적인 가격으로 제공하며, 맛으로 커피에 진심인 브랜드로 다양한 고객층과 다양한 메뉴로 맛있는 음료를 제공하여 고객 만족도를 향상시키고자 한다. 특히 오픈한 지 8년 차로, 커피 최대 생산국인 브라질, 그중 최정상의 농장 다테하에서 수확한 커피를 직거래하고 있으며 맛있고 지속 가능한 커피를 추구하고 있다.

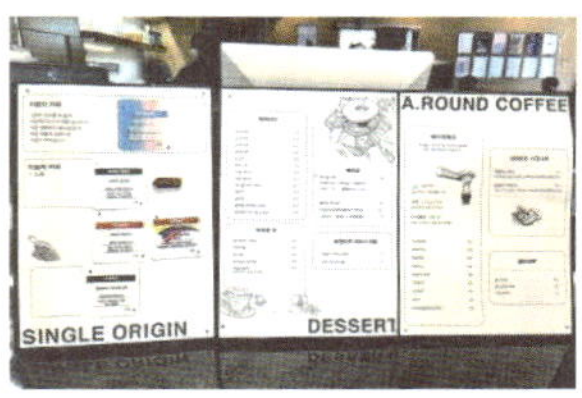

메뉴는 크게 에스프레소, 어라운드 시그니처, 콜드브루, 베버리지, 타바론 티, 베이글, 하겐다즈
아이스크림, 필터 커피 파트로 구성되어 있다.
에스프레소 음료는 블렌드인 고소, 상큼, 디카페인 중에서 선택할 수 있다.
필터 커피 파트에는 다음 5종의 원두가 준비되어 있다:
Pink Beach, 브라질 다테하 스위트 컬렉션, 에티오피아 아바야 게이샤, 에콰도르 게이샤
티피카메호라도 워시드, 콜롬비아 카사네그라 디카피인
에콰도르 커피와 PUNK BEACH 커피를 이달의 커피로 추천하고 있다.
디저트 박스에는 참깨 베이글, 플레인 베이글, 말차 마카다미아 쿠키, 피칸 초코 쿠키, 말차
바스크 케이크, 초코 바스크 케이크, 플레인 바스크 케이크가 준비되어 있다.

.필터 커피 레시피 (핫)
하리오 V60 드리퍼를 사용하여 원두 18g에 물 300g (1:16.6)을 수차례에 걸쳐 푸어링하여
커피를 추출했다.

.필터 커피 (브라질 다테하 스위트 컬렉션)
첫 모금에 자몽의 떫으면서도 시트러스한 맛이 부드럽게 들어왔고, 견과류의 고소함과 강한
단맛이 뒤를 이어 맛의 조화를 이루면서 순하게 흘러갔다.

.해질녘 산책
감귤 주스와 허브티가 만나 향긋하면서도 달콤한 맛을 이룰 즈음에 콜드 브루의 씁쓸함이
가볍게 무게를 잡아주어 조화를 이루었고 알코올 없는 칵테일을 마시는 듯했다.

.말차 마카다미아 쿠키
마카다미아가 잔뜩 박힌 말차 쿠키는 달콤하면서도 부드러운 꾸덕꾸덕함을 가지고 있었다.

경기 수원시 팔달구 향교로 115-17 4층
https://www.instagram.com/nosmokewithout_fire

수원역 근처에서 버스를 타고 가족여성회관 정거장에서 내려 대로변을 따라 4분 정도 가다가
살짝 꺾어 골목으로 들어가니 단독 주택을 리모델링한 '노스모크위드아웃파이어'가 보였다.
차들이 쉴 새 없이 오가는 거리 근처에 이런 조용한 곳이 있고 그 안에 카페라니
독특하면서도 익숙한 느낌이 동시에 들었다. 대문을 열고 들어서니 바로 작은 마당이 나왔고
한 가정집에 들어서는 듯했다. 내부는 가정집을 리모델링하여 카페로 만든 모습이었고 카펫이
깔린 바닥과 이전 것을 그대로 살린 원목 천장을 배경으로 나무 재질의 중앙 바가 큰 규모로
놓여 있었다. 벽으로 분리된 공간에는 역시나 바닥에 카펫이 깔려 있었고 격자무늬 창이
있어서 그를 통해 눈 쌓인 앞마당이 보였으며 스피커에서는 비트감이 있지만 귀에 거슬리지
않는 음악이 흐르고 있어서 편안한 공간이 주는 안정감을 느낄 수 있었다.
2019년 부터 울고 웃으며 운영해왔던 NSWF 교동점은 2026년 1월 11일로 종료하고 이제는
No Smoke Without Fire 유림점과 온라인 몰을 운영한다고 한다.

메뉴는 크게 에스프레소, 논커피, 블렌딩 티, 핸드드립 커피로 구성되어 있다.
에스프레소 메뉴에는 블렌드인 오너먼트, 캠프파이어, 포트리스와 디카페인이 준비되어 있다.
핸드드립 커피에는 다음과 같은 6종의 원두들이 준비되어 있다:
브라질 모지아나 디카페인, 오너먼트 블렌드, 콜롬비아 알레한드리아 게이샤 애너로빅 내추럴,
에티오피아 넨세보 메와 워시드, 코스타리카 돈 세넬 게이샤 내추럴, 엘살바도르 산타로사
파카마라 워시드.
이곳에서 직접 구운 르뱅 쿠키, 비스코티 쿠키, 단호박 갸또, 쑥인절미, 레몬말차, 라즈베리
쇼콜라, 얼그레이 케이크가 디저트로 준비되어 있다.

.핸드드립 커피 레시피
하리오 V60 드리퍼를 사용하여 원두 21g에 물 120g을 푸어링하여 커피를 추출한 다음에 90g
정도(약 1:1)를 가수하여 커피를 완성한다고 한다. 깨끗한 맛을 위해 이 방법을 사용하고
있다고 한다.

.핸드드립 (엘살바도르 산타로사 파카마라 워시드)
눈으로 보기에도 깨끗한 커피를 한 입 들이키니 너티함과 상큼한 베리류의 산미가 첫맛으로
느껴졌고, 이들 밑에 깔려 있는 파인애플 과육의 질감과 신선한 단맛이 뒤를 이으며
마무리되었다.

.단호박 갸또
부드러우면서도 담백한 단호박 크림과 촉촉하면서도 꾸덕꾸덕한 단호박 케이크의 조합은 생긴
모양만큼이나 예쁜 맛이었고, 은은하게 풍기는 단호박 맛이 매력적이었다.

77 카페 도안

수원 시청역에서 8분 정도 가다 보면 나오는 나혜석 거리 끝자락 장성 빌딩 3층에 '카페
도안'이 있다. 간판은 따로 설치되어 있지 않고 건물 내부의 층별 안내판이 이곳을 알려준다.
3층 엘리베이터 바로 옆에 짙은 브라운 프레임의 유리문이 있어 접근성은 좋았고 이곳을
진정으로 사랑하는 사람들은 계속 찾아줄 것이라는 생각에 간판도 없이 8년째 운영 중이라고
한다. 문을 열고 들어가니 은은한 조명을 받은 넓은 실내가 눈길을 사로잡았다. 노출된 시멘트
바닥과 천장을 배경으로 브라운, 화이트 톤의 가구들이 적절히 배치되어 있었고, 벽을 따라
있는 큰 창으로 들어오는 주변 풍경 덕분에 편안함에 개방감이 더해진 듯했다. 스피커에서
흘러나오는 은은한 재즈 선율은 이곳에 아늑함을 더해주었다.
'카페 도안'은 수원 인계동에 있으며, 커피 로스터리 운영은 물론 해외 유명 로스터리 원두
수입, 국내 유망 로스터리 커피 수출, 커피 로스터기와 추출 기구 수입, 생두 수입, 카페
도안만의 특별한 디저트 스튜디오까지 운영하는 광범위한 커피 비즈니스로 매년 폭발적인
성장을 하고 있다고 한다.

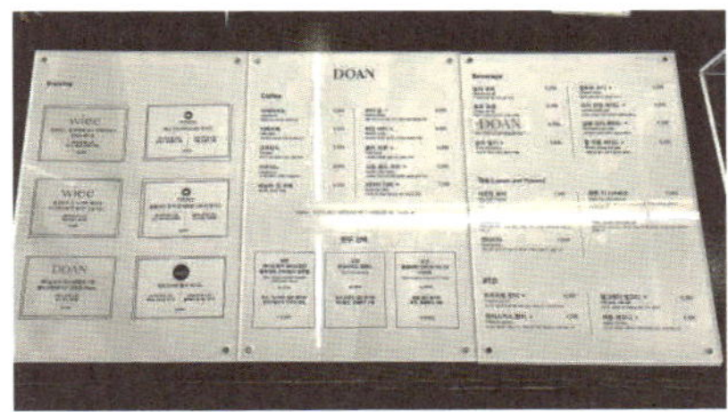

메뉴는 크게 커피, 베버리지, 티, RTD, 브루잉으로 구성되어 있다.
커피 메뉴는 도안 에티오피아 크리스티안 물루게타 언더워터 내추럴, 도안 파크사이드 블렌드,
도안 콜롬비아 안티오키아 EA 디카페인 중에서 원두 선택이 가능하다.
브루잉 파트는 총 6종의 싱글 오리진이 준비되어 있다:
온두라스 엘 푸엔테 로스 아리야네스 게이샤 워시드, 에콰도르 라 노리아 게이샤 아나에어로빅
워시드 Lot 1&2, 에티오피아 바샤 베켈레 가토 골드 퍼멘테이션 내추럴 7days, 케냐
은디아이니 AA 워시드, 콜롬비아 핀카 엘 히궤론 시드라 워시드, 에티오피아 할로 워시드로
디저트로는 브루통(플레인, 흑임자), 크림 브륄레, 바스크 치즈 케이크, 순수 우유 파운드,
얼그레이 파운드, 쑥 인절미 파운드, 버터바 (플레인, 피넛, 발로나 초코, 우지 말차) 등이
준비되어 있다.

.브루잉 레시피
UFO 드리퍼를 사용하여 원두 16g에 물 240g을 60g씩 30초 간격으로 나누어 푸어링하여
커피를 추출한다.
UFO 드리퍼는 중심으로부터 80도의 각도를 가진 모양으로, 하리오 V60에 비해 물 빠짐이
조금 더 천천히 이루어져 추출 수율이 더 높다고 한다.
2025 한국 브루어스 컵 챔피언인 김성덕 바리스타가 지난 3월 1일부터 도안에 합류하여
브루잉 파트를 담당하고 있다.

.브루잉 커피 (에콰도르 라 노리아 게이샤 아나에어로빅 워시드 Lot 1&2)
첫 모금에 향긋한 청포도 향이 살짝 올라왔고, 청사과의 스파클링한 산미와 사탕수수의 선선한
단맛이 어우러져 티 같은 깔끔함을 느낄 즈음에 티의 쌉싸름함과 견과류의 고소함이 무게감을
더해주어 하나의 맛을 완성했다.

.우지 말차 버터 바
강렬한 단맛과 말차 버터 향을 가진 꾸덕꾸덕한 필링과 버터 향이 강한 크러스트의 조합은
맛의 진함에 고급스러움을 더했다.

경기 수원시 팔달구 화서문로42번길 46 킵댓
https://www.instagram.com/keepthat_coffee

수원 시립 미술관 근처의 맛집들이 즐비하게 늘어선 행리단 거리를 지나 한 골목으로
들어서자 유럽풍의 건물이 보였고, 문에는 파란색으로 'Keep That COFFEE HOUSE'라고
선명하게 쓰여 있었다. 이곳이 바로 '킵댓 로스터리'였다. 밝은색의 나무 문을 열고 들어가니
노출된 듯한 높은 천장과 가운데를 크게 차지하고 있는 원형 바, 그리고 그 주변으로 좌석들이
배치된 공간이 나타나 특별한 커피 전문점에 들어왔음을 바로 느낄 수 있었다. 바 안의
바리스타가 2층 좌석을 먼저 확인하고 오라는 권유에 올라가 보니 좌석은 거의 만석이었고,
안내한 이유를 알 것 같았다. 1층의 작은 좌석에 자리를 잡고 나서 주변을 둘러보니 회색을
배경으로 밝은색의 원목 가구들이 배치되어 있었고, 스피커에서는 거슬리지 않게 팝송이
흘러나와 편안하면서도 밝은 분위기를 만들고 있었다.
킵댓은 이 지역에서 본점과 로스터리 두 곳을 운영하고 있으며, 오픈한 지 4년 정도 된 업력이
꽤 되는 곳이라고 했다.

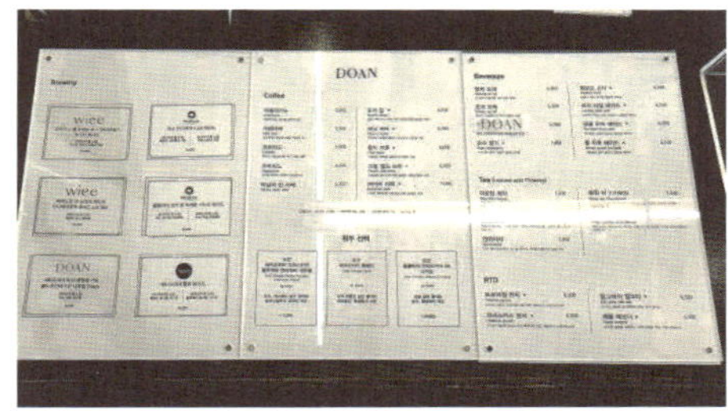

메뉴는 크게 커피, 필터, 사이드로 구성되어 있고 커피 메뉴는 블렌드인 Season_WINTRY, Stucco_SMOOTH, Stucco_MEDIUM, Stucco_STRONG, Decaf_Brazil 중에서 원두를 선택할 수 있다.

필터 커피를 위해 11종의 원두가 준비되어 있었다:
TODAY COFFEE (에티오피아 코케 허니 내추럴), SMOOTH BLEND 스무스 블렌드, MEDIUM BLEND 미디움 블렌드, STRONG BLEND 스트롱 블렌드, BRAZIL 시티오 도 캄포 옐로우 버번, BRAZIL 세르타오 퍼먼티드 레드 버번, BRAZIL 아폰소 아나에어로빅 내추럴, ETHIOPIA G1 아리차 우반치 내추럴, KENYA 니에리 레드마운틴 AA, GUATEMALA 엘 피날 게이샤 워시드, DECAF 브라질 세하도 디카페인

디저트로는 초코 비스코티, 티라미수, 딸기 케이크, 스트로베리 크루아상, 크루아상, 애플 크럼블 - 아이스크림, 레몬 치즈 케이크, 얼그레이 파-운드가 준비되어 있다.

.필터 커피 레시피
오리가미 드리퍼와 하리오 필터지를 사용하여 원두 20g에 물 250g을 빠르게 여러 번 푸어링하고 중간에 스틱으로 젓는 과정이 있었다. 커피를 추출한 다음에는 약간의 가수를 하여 커피를 완성하였다.

.필터 커피 (스트롱 블렌드)
깊은 단맛과 어우러진 다크 초콜릿의 쓸쓸함을 부드러움으로 감싸고 있었고, 깔끔함으로 마무리되었다. 강배전의 쓸쓸함이 경계선을 넘지 않아- 부정적인 맛을 느낄 수 없었다.
- 원산지: Brazil 50%, Ethiopia 35%, Colombia 15%

.드라이 카푸치노
초코와 시나몬 가루를 뚫고 나오는 생크림의 달콤함디 느껴질 즈음 부드럽고 진한 라떼 맛이 따라왔다. 작은 한 잔에 달고 쓰고 부드러운 맛이 응축되어 묵직하면서도 진한 맛을 만들어 내고 있었다. 밀크 폼을 덜 부드럽게 스티밍하기 때문에 '드라이'를 이름에 붙였다고 했다.

 해월커피 은계점

경기 시흥시 은계로142번길 3-14 1층
https://www.instagram.com/haewolcoffee_eungye

시흥시 은계로 아파트 단지 건너편에 자리한 주택 상가거리 한편에서 '해월커피 은계점'을 볼
수 있다. 가로로 길게 두른 블랙 프레임 위에 커다랗게 쓰인 블루의 'Haewol'은 뚜렷하면서도
밝은 이미지로 이곳을 가리키고 있다. 문을 열고 들어가니 전면으로 난 유리 창으로 들어오는
햇빛을 받고 있는 환한 공간이 한눈에 들어왔다. 높은 층고와 화이트톤의 전체적인 배경에
밝은 목재 가구로 포인트를 준 실내는 쾌적하면서도 고급스러운 느낌을 주었다. 스피커에서
나오는 경쾌한 피아노 음률은 이곳에 좀 더 클래식한 경쾌함을 더해 주었다.
'해월커피'는 2019년 로스팅 공장으로 출발하여 배곧에서 카페를 오픈했으며 지금은 송도점과
은계점을 독립적으로 운영하고 있다고 한다.
은계점은 오픈한 지 2년째로 밝고 편안한 분위기를 가진 매장 분위기와 스페셜티 커피,
맛있는 베이커리류, 직접 구운 구운 과자를 제공하는 곳으로 알려져 있다고 한다.

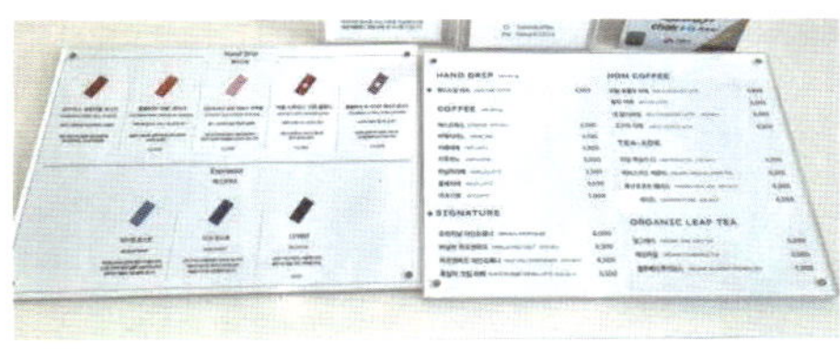
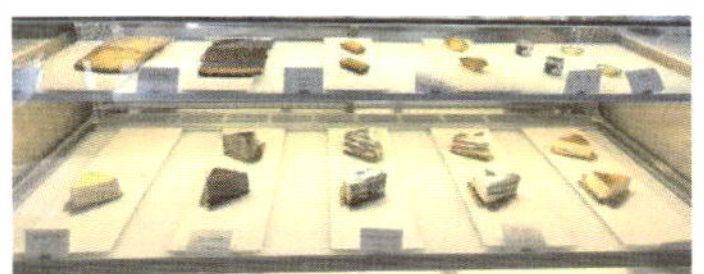

메뉴는 크게 핸드드립, 커피, 시그니처, 논 커피, 티-에이드, 오리지널 리프 티로 구성되어 있다.
에스프레소 메뉴는 블렌드인 미디엄 로스트, 다크 로스트와 디카페인 중에서 선택할 수 있다.
핸드드립에는 다음과 같은 원두들이 준비되어 있다:
온두라스 세로아줄 워시드, 콜롬비아 '오팔' 게이샤, 에티오피아 알로 하테사 내추럴, '겨울
시트러스' 시즌 블렌드, 콜롬비아 라 시리아 게이샤 워시드
디저트에는 치아바타, 에그타르트, 빨미까레 (플레인, 다크), 휘낭시에, 레몬 마들렌, 크레이프
(순수 밀크, 초코), 케이크 (쿠키앤크림, 당근, 치즈)가 있다.
샌드위치(과카몰리 & 쉬림프, 에그 & 쉬림프, 잠봉 & 루꼴라, 햄 & 치즈), 감자 수프 &
치아바타는 단품 또는 아메리카노가 추가된 세트 메뉴로 시킬 수 있다.

.핸드드립 레시피
핫으로 마실 경우, 하리오 V60 드리퍼를 사용하여 원두 18g에 물 300g (1:16.6)을 여러 차례에
걸쳐 푸어링하여 커피를 추출했다.

.핸드드립 (콜롬비아 라스 플로레스 '오팔' 게이샤 무산소 워시드)
한입 들이키니 향긋한 복숭아 향이 차의 쌉쌀함과 함께 어우러져 고급스러운 복숭아 티가
느껴졌고, 순한 오렌지의 산미와 신선하면서도 진한 사탕수수의 단맛이 뒤를 이었으며
깨끗함이 입안을 맴돌았다.

.다크 빨미까레
바삭한 페이스트리의 2/3를 감싸고 있는 달콤한 초콜릿의 조화가 진하게 느껴지는 디저트였다.

경기 안양시 만안구 만안로 208-1 2층
https://www.instagram.com/sienna_coffee

안양역 1번 출구에서 나와 도로변을 따라 4분 정도 가다 보면 2층에 위치한
'시에나커피로스터스'를 볼 수 있다. 2층 문 옆에 여러 생두 포대들이 쌓여있는 모습을 볼 수
있어서 이곳이 전문 로스터리 카페임을 짐작게 했다. 문을 연 순간 베이지색 배경에 이곳의
브랜드 색이라 할 수 있는 짙은 갈색 창틀, 바닥에 갈색 원목 테이블들이 배치된 가운데 노란
둥근 등들이 천장에 달려있는 모습이 한눈에 들어와 은은하면서 깔끔한 첫인상을 주었고
개량된 일본풍 카페 느낌도 들었다.
추석 다음 날임에도 실내를 가득 메운 젊은 손님들과 스피커에서 흘러나오는 리듬 있는
가요가 이곳을 젊음의 분위기로 반전시키고 있었다.

메뉴는 크게 핸드드립, 커피, 허브티, 디저트, 시그니처, 음료로 구성되어 있고 커피 메뉴 주문 시 디카페인으로 무료 변경이 가능하다.
핸드드립은 그 해 생산된 신선한 원두만으로 엄선된 카페 시에나만의 스페셜티 라인업으로, 이날은 9종의 원두가 준비되어 있었다:
콜롬비아 - 라 에스페란자 부에노스 아이레스 게이샤 워시드, 콜롬비아 - 모모스 셀렉션 라 무렐라 게이샤 워시드, 코스타리카 - 돈 마요 엘 미라그로 게이샤 워시드, 콜롬비아 - 라 알데아 게이샤 워시드, 에티오피아 - 예가체프 G1 가르가리 구티티 슈퍼내추럴, 코스타리카 - 돈 마요 엘 미라그로 자바 무산소 내추럴, 코스타리카 - 돈 마요 라 로마 옐로우허니, 에티오피아 - 시다마 아르고베나 보체사 G1 워시드 과테말라 - 엘 소코로 워시드
디저트에는 티라미수, 퐁당쇼콜라, 버터바가 준비되어 있다.

.핸드드립 레시피
하리오 V60 드리퍼를 사용하여 원두 20g에 1:15 비율로 물 300g을 붓는다. 블룸 시간을 포함하여 5차례에 걸쳐 푸어링하여 커피를 추출한다

.핸드드립 (파나마 아부 게이샤 GW - 1720 워시드)
재스민 향에 베리류의 산미와 티의 쌉쌀함이 섞여 복합적으로 향긋한 맛을 냈고 깔끔하게 마무리되었다.

.아메리카노
고소하면서도 달콤한 첫 맛이 쌉쌀함으로 이어져 마치 땅콩 캐러멜에 초콜릿 음료를 섞어 먹는 듯한 맛이었다.

.퐁당쇼콜라
따뜻한 초코 컵케이크 안에 진하고 달콤한 초콜릿이 진득하게 들어 있어 진한 맛이었다.

경기 용인시 수지구 문인로31번길 3-9 1층 엑시트커피
http://instagram.com/exitcoffee_roasters

동천역 2번 출구에서 나와 14분 정도 걷다 보면 대로변에 있는 '엑시트 커피'를 볼 수 있다.
문을 열고 들어가면 화이트 톤의 실내에 백색 계열의 조명이 비치고 있는 깔끔하면서도 환한
실내를 볼 수 있었고, 비 오는 날의 축축함과는 달리 더욱 쾌적함이 느껴졌다. 직사각형
실내에는 'ㄷ' 자형의 큰 바가 공간의 많은 부분을 차지하고 있고, 바를 중심으로 한쪽은
규모가 있는 로스팅실이 자리하고 있으며, 다른 한쪽은 벽을 따라 좌석들이 배치되어 있는
구조였다. 스피커에서는 실내에 울림을 주는 팝송이 흘러나오고 있었지만, 분위기를
압도하지는 않고 편안함을 더해주는 느낌이었다. 꽤나 세련된 인테리어임에도 로스팅실이 주를
이루고 있는 카페 느낌이 나는 것이 신기했다. 이는 아마도 이곳 대표가 여러 로스팅 대회에서
수상을 한 실력자라는 선입견이 만들어낸 이미지일 수도 있을 것이다. 로스팅실에는
이지스터와 스트롱홀드 로스터기가 놓여 있었고, 이곳 대표가 로스팅을 하면서 바쁘게
움직이고 있었다.
이곳 진명기 대표는 2024 KCRC Champion, 2023 KBC Champion, 2023 MOR Champion,
2021 GCA Espresso 2위, 2022 GCA Milk 1위 등 다수의 수상 실적이 있다고 한다.

메뉴는 크게 커피, 논커피 베버리지, 티&밀크티, 디저트로 구성되어 있다.
아메리카노와 라떼는 블렌드 블랙 라벨과 레드 라벨 중에서 선택 가능하다.
브루잉 커피에는 다음과 같은 원두들이 준비되어 있다:
콜롬비아 핀카 라스 플로레스, 콜롬비아 산 라파엘 워터멜론, 콜롬비아 벨라 알레한드리아,
콜롬비아 라 카스텔라나 레드베리, 챔피언 블렌드 2 베리 나이스.
디저트에는 쿠키와 베이직 아이스크림 크로플, 브라운 치즈 크로플, 로투스 크림 크로플이
준비되어 있다.

.브루잉 커피 레시피 (핫)
하리오 스위치 드리퍼, 원두양 20g, 물양 280g, 물 온도 92℃, 추출 시간 2분 30초
뜸 들이기: 물 30g을 붓는다. (~30초)
1차 추출: 135g까지 물을 붓는다. (물이 모두 투과될 때쯤 2차 추출 시작)
2차 추출: 215g까지 물을 붓는다. (물이 모두 투과될 때쯤 3차 추출 시작)
3차 추출: 280g까지 물을 붓는다. (2분~2분 30초)
물 20~30g을 바이패스한다.

.브루잉 커피 (챔피언 블렌드2 베리 나이)
파인애플, 와이니, 라즈베리 뉘앙스가 복합적이면서도 뚜렷하게 올라올 즈음 주시한 단맛,
견과류의 너티함과 티의 쌉싸름함이 더해져서 상큼한 산미와 함께 무게감이 느껴지는 커피
맛이 완성되었다.

.카페라떼
화사한 산미가 우유를 만나서 고소한 맛으로 변신을 힛고 그윽한 단맛과 끝에서 느껴지는
쌉쓸함이 함께 어우러져서 중후하면서도 부드러운 라떼 맛을 완성했다.

경기 파주시 월롱면 누현2길 168 월롱IC에서 5분거리 대형카페
https://www.instagram.com/sontagcoffee/

차로 이동했을 때 월롱 IC에서 5분 정도 거리에 있는 '손탁커피'는 논밭이 보이고 트럭들이
오가는 파주 지역의 한적한 도로변에 위치해 있었다. 자생적으로 핀 억새풀과 단풍 든 몇몇
나무들 사이에 낡은 건물이 리모델링된 모습으로 홀로 우뚝 서 있었고, 붉은색으로 크고
뚜렷하게 'SONTAG COFFEE PAJU'라고 쓰여 있어서 찾던 곳임을 바로 알 수 있었다. 전면이
유리로 된 문을 열고 들어가니 '정성스런 커피 손탁커피' 팻말이 한 가정의 가훈처럼 문 위에
걸려 있어서 이곳이 어떤 곳임을 짐작게 했다. 이전에 공장이었을 법한 실내에는 외부 느낌과
마찬가지인 철재 천장, 노출된 시멘트 바닥을 배경으로 짙은 브라운 계열의 원목 가구들이
배치되어 있어서 빈티지와 클래식이 합쳐진 독특한 분위기를 만들고 있었다. 클래식한
가구들과 스피커에서 나오는 터치감 있는 피아노 음률은 1900년대 초의 손탁 커피하우스로
데려다준 듯했다.

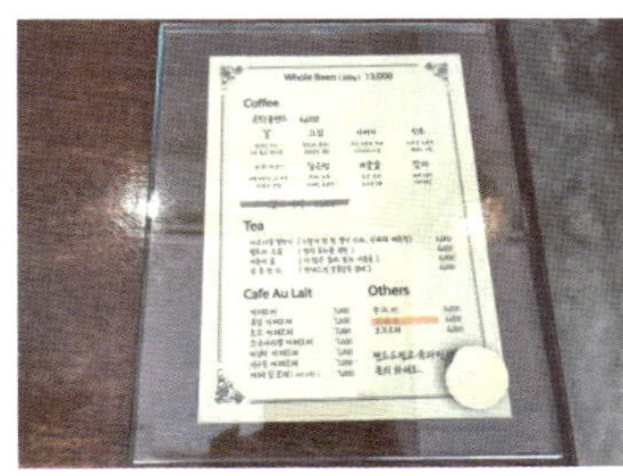

메뉴는 크게 커피, 티, 카페오레, 아더스로 구성되어 있다.
커피 메뉴는 핸드드립 커피만 가능하며 '꽃', '고집', '아버지', '신촌', '바다', '깊은 밤', '겨울 숲',
'잘자'라는 블렌드 원두 8종이 준비되어 있다.
커피와 잘 어울리는 구움 과자 10종을 직접 생산해서 준비해 놓고 있다.
마들렌, 휘낭시에, 브라우니, 스콘, 파운드케이크, 쿠키 등
핸드드립 방식의 농축 커피로 물, 우유, 아이스크림, 주류 등과 간편하게 혼합하여 마실 수
있는 브루잉 에스프레소가 매장 내에서 판매 중이었다.

.핸드드립 레시피
칼리타 드리퍼를 사용하여 원두 30g에 3차에 걸쳐 물을 푸어링해서 총 300g의 커피를
최종적으로 추출한다고 한다.

.고집 (핸드드립)
단맛과 쓴맛의 균형이 좋은 직화 로스팅이 느껴지는 강배전 커피였고, 완전 다크함은
아니었으며 식을수록 산미가 살아나면서 깔끔하게 마무리되었다.
- 에티오피아, 케냐, 과테말라 블렌딩

.소금 카라멜 카페오레
이미 추출된 드립 커피를 사용하여 만들었다고 하며, 독특한 향 (솔트 카라멜 시럽)을 가진
단맛이 나는 진하면서도 부드러운 카페오레였다.

경기 평택시 만세로 1475 1층(청룡동)
https://www.instagram.com/hood.roasters

소사벌에서 원곡 방면으로 가는 45번 국도의 고가 차도 아래(지하철 1호선 평택 지제 역에서
버스로 15분 정도)를 지나면 곧 미국 서부 느낌의 붉은색 간판이 보이는데, 그곳이 바로 찾던
'후드로스터스'이며 매장 우측 공터에 주차하면 된다. 사람들이 도보로 다니기 어려운 곳에
위치해 있음에도 좌석마다 자리를 차지한 손님들로 웅성거리는 실내 풍경은 또 한 번의
반전을 주는 느낌이었다. 노출된 바닥과 시멘트 천장을 배경으로 합판 느낌의 가구들과 각기
다른 모습들을 하고 있는 가구들의 배치는 굳이 꾸미지 않은 듯한 자연스러운 편안함을 주고
있었고, 한편 스피커에서 흘러나오는 낮은 톤의 비트 있는 음악은 이곳의 분위기에 자연스럽게
스며들고 있었다.
후드로스터스는 오픈한 지 3년이 된 카페로, 로스팅에 집중하면서도 그에 맞는 디저트도
제공하는 로스터리 카페이다. 퍼블릭 커핑으로 손님들과 소통하고 커피 엑스포에 참여하는 등
이곳을 알리는 노력을 계속하여 점차 자리를 잡아가고 있다고 한다.

메뉴는 커피, 논커피, 필터, 디저트, 시즌 음료로 구성되어 있다.
에스프레소 메뉴는 블렌드인 블랙넛, 푸르타, 디카페인 중에서 원두를 선택할 수 있다.
필터 커피는 다음과 같은 5종의 싱글 오리진이 준비되어 있다:
콜롬비아 엘 실렌시오 게이샤, 에티오피아 타미루 하테사, 에티오피아 타미루 파피쵸, 콜롬비아
엘 파라이소, 브라질 산타 루시아
디저트로는 베이글, 잠봉 베이글, 피자 베이글, 크림 브륄레 베이글, 도지마 롤, 티라미수,
쿠키(초코, 마카다미아)가 준비되어 있다.

.필터 커피 레시피
하리오 V60 메탈 드리퍼를 사용하여 원두 19g에 물 300g (1:15.78)을 수차례에 걸쳐
푸어링하여 커피를 추출했습니다.

.필터 커피 (에티오피아 타미루 하테사)
재스민 향이 은은히 올라올 즈음 와인의 숙성된 단향과 오렌지의 상큼한 산미가 섞여 기분
좋은 향미로 이어졌고 녹차의 순한 떫은맛으로 마무리했다.

.코르타도
다크 초콜릿에 고소한 우유가 섞인 듯한 강렬한 첫인상을 주었고 이어서 순한 사탕수수의
단맛이 더해진 무겁지 않은 깔끔함으로 마무리했다.
- 견과류의 고소한 맛을 가진 BLACK NUT 블렌드 사용

.마카다미아 쿠키
딱딱한 표면 아래에 이어지는 촉촉하면서도 꾸덕꾸덕한 식감으로 먹는 재미가 있었고 간간이
씹히는 마카다미아가 포인트를 주었다.

경기 화성시 동탄구 동탄산척로2나길 10-6
http://instagram.com/happybricksand

동탄의 한 주택 상가거리(경기 화성시 동탄 산척로)에 위치한 '레드브릭 본점'을 볼 수 있었다.
붉은색 지붕과 유리로 된 전면을 뒤로하고 안으로 들어가니 붉은 벽돌 바닥, 흰색 천장을
배경으로 벽, 가구 등이 전부 우드 소재로 되어 있는 독특한 분위기의 공간이 나타났다.
전체적으로 붉은 기가 감돌아 묘한 생동감을 전달하는 듯했다. 스피커에서는 비트 있는 음악이
조금은 큰 음량으로 나오고 있어서 분위기를 더욱 고조시키고 있었다. 기다란 공간의 왼쪽부터
디저트 박스와 커피 추출 장비들이 놓여 있는 바, 벤치형 의자와 그 위에 놓인 간이형 테이블,
디저트 박스 굿즈들이 전시된 진열장 순으로 배치되어 있다.
이곳은 커피와 함께 브릭샌드라는 디저트가 유명한 곳으로, 강남역점, 서울역점, 명동점,
인사동점, 삼청점, 동탄 레이크 꼬모점 등이 있다고 한다.

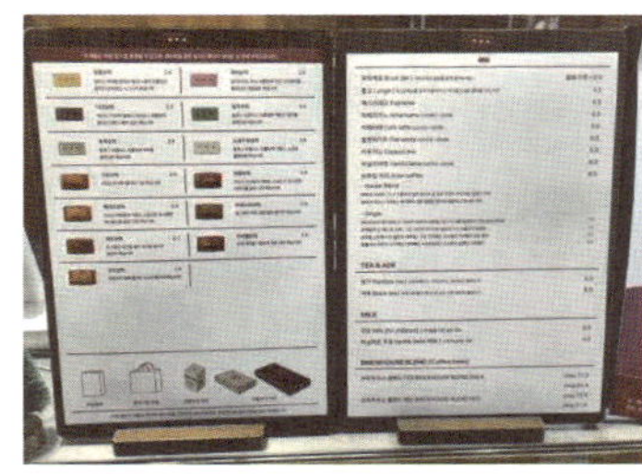

음료 메뉴판은 커피, 티&에이드, 밀크로 구성되어 있다. 이 중에 브릭세트는 음료 가격에
900원을 추가하면 기본 브릭이 제공된다고 한다.
브루잉 커피를 위해 준비한 원두들은 다음과 같았다.
하우스 블렌드 - 브릭 다크, 브릭 레드
싱글 - 에티오피아 예가체프 G1 아리차 우반치 내추럴, 과테말라 산 페드로 SHB, 브라질
산타루시아 펄프드 내추럴, 콜롬비아 카우카 슈가케인 디카페인 수프리모
이곳의 시그니처 메뉴인 브릭샌드는 달콤브릭, 루비브릭, 다크브릭, 말차브릭, 후추브릭,
소금우유브릭, 기본브릭, 아몽브릭, 헤이즈브릭, 포레스트브릭, 피칸브릭, 카라멜브릭, 코코브릭,
호지브릭, 슈톨렌브릭이 준비되어 있다.
브릭샌드는 벽돌 모양으로 디자인에 재미있는 요소틀 더한 디저트로, 매장에서 갓 구운
브릭샌드를 먹으면 겉은 바삭하고 속은 촉촉한 환상적인 식감과 아몬드 가루와 헤이즐넛
버터의 고소한 풍미를 느낄 수 있다고 한다.

.브루잉 커피 레시피
하리오 스위치 드리퍼를 사용하여 원두 19g에 물 26Cg을 한 번에 붓고 스틱으로 저은 다음
1분 40초간 침지한 후 스위치를 열어 커피를 추출하는 방법을 사용한다고 한다.

.하우스 블렌드 레드 (브루잉 커피)
견과류의 고소함, 베리류의 산미가 깊은 단맛과 어우러져 적당한 밸런스를 유지하면서
부드러운 맛을 가지고 있었다.

.후추브릭
겉은 바삭하고 속은 촉촉한 식감을 가진 휘낭시에와 그 위에 놓인 단단한 화이트 초콜릿을 한
입 깨물면 달콤함과 함께 매콤한 후추의 향미가 입안어서 킥하며 이 디저트만의 매력을
발산했다.

.루비브릭
겉은 바삭하고 속은 촉촉한 식감을 가진 휘낭시에와 그 위에 놓인 단단한 루비 초콜릿을 한
입 깨물면 달콤함과 함께 라즈베리의 산미가 상큼하게 전달되었다.

85 커피라디오 본점

강원 원주시 치악고교길 19 커피라디오
https://www.instagram.com/coffeeradio

원주 치악 고등학교 앞은 주택가 골목이라고 하기엔 오가는 차로 분주한 사거리 코너에 '커피라디오'가 위치해 있었다. 창가에 붙은 여러 메뉴 사진들은 이곳이 커피 맛집이라는 걸 친절히 알려주고 있었다. 실내로 들어가니 노출된 시멘트 바닥에 목재 천장과 바, 각기 다른 가구들이 배치된 빈티지한 콘셉트였고, 세월의 흔적이 곳곳에 묻어서 그런 분위기가 더 자연스럽게 나는 로컬 카페의 모습이었다. 스피커에서 나오는 적당한 소리의 팝송은 튀지 않으면서 실내에 스며들고 있었다.

커피라디오는 2006년부터 원주에서 시작한 스페셜티 커피 전문점이다. 게이샤를 비롯해 10여 가지의 원두와 시그니처 음료, 케이크와 스콘 등이 있다고 한다. 정문을 열고 들어가면 공간 끄트머리 맞닿은 시선에 분리되어 있는 공간을 볼 수 있었고 이곳에 커피 교육을 위한 여러 도구와 장비들이 갖추어져 있었다. 교육하는 장소 옆에 있는 제법 큰 크기의 로스팅 룸을 볼 수 있는데 프로밧과 스트롱홀드 로스터기가 설치되어 있다고 한다.

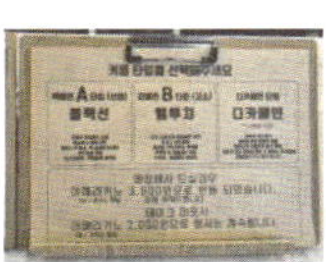

메뉴는 크게 에스프레소, 시그니처 커피, 필터 커피. 커피, 논커피, 에이드, 셰이크, 티, 떠먹는
요거트, 디저트로 구성되어 있다. 이곳에서만 맛볼 수 있는 시그니처 커피에는 카페 시트론,
카페 피치, 카페 코코넛, 크림 롱블랙, 크림 라떼, 시그니처 카페라떼, 참깨 오트 아포가토가
있다.
에스프레소 메뉴는 블렌드인 블랙선, 벨루치와 디카페인 원두 중에서 선택할 수 있다.
필터 커피(핸드드립)에는 다음과 같은 4종의 원두가 준비되어 있다:
에티오피아 아리차 내추럴, 케냐 카링가 AA, 과테말라 산타펠리사 옐로우 카투아이 내추럴 웻
벌크 발효, 브라질 레이나 옐로우 버번 펄프드 내추럴
마들렌, 크루아상, 에그타르트, 쿠키 등이 디저트로 준비되어 있다.

.핸드드립 커피 레시피
하리오 V60 드리퍼를 사용하여 원두 20g에 1:17 비율로 물 340g을 부어 커피를 추출한다.

.핸드드립 커피 (과테말라 산타 펠리사 옐로우 카투아이 내추럴 웻 벌크 발효)
견과류의 고소함과 사과의 산미, 차의 떫은맛이 은은한 단맛과 어우러져 농익은 맛으로 다가와
입안에 머물렀다. 복합적인 향미를 가지고 있었고 무겁지 않은 커피 맛이었다.

.시그니처 카페라떼 (iced)
오트의 고소함과 우유의 고소함이 적절히 섞여 에스프레소와 조화를 이루었고, 시간이 흐름에
따라 고소함이 증가하면서도 담백한 라떼 맛을 만들고 있었다.

강원 춘천시 안마산로 42 1층 오롯이커피
https://www.instagram.com/barista_gyo

ITX 남춘천역에서 15분 정도 앱을 따라가다 보면 차들이 빠르게 달리고 있는 4차선 도로변에
위치한 '오롯이커피'를 만날 수 있다. 화이트의 문을 열고 들어가니 커튼이 드리워진 아담한
공간이 나왔다. 노출된 시멘트 바닥과 천장을 배경으로 배치된 짙은 브라운톤의 원목가구들과
몇몇 등에서 나오는 은은한 불빛들로 실내는 안정된 분위기였고 스피커에서 흘러나오는
자극적이지 않은 팝송은 이곳을 좀 더 편하게 만들고 있었다.
2018년부터 이곳에서 쭉 운영을 해온 이곳에 세월의 흔적이 조금은 묻어 있는 듯했다.
오롯이커피는 춘천시 퇴계동에 위치한 로스터리 카페(개인 카페)로 이탈리아에서 주최하는
국제커피테이스팅 대회의 에스프레소 블렌드 원두 부문에서 3연속(2015, 2016, 2017) 입선한
경험을 바탕으로 맛있는 커피를 제공하고 있다고 한다.

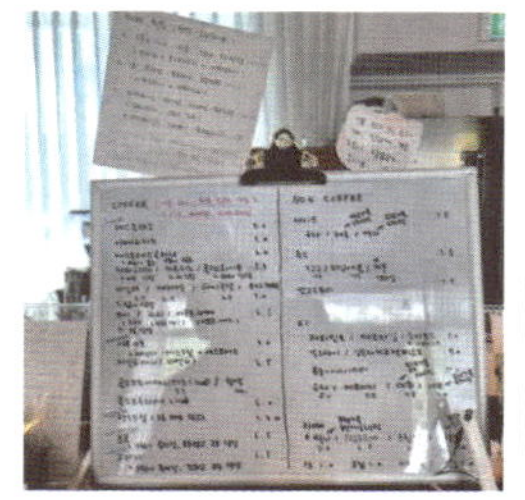
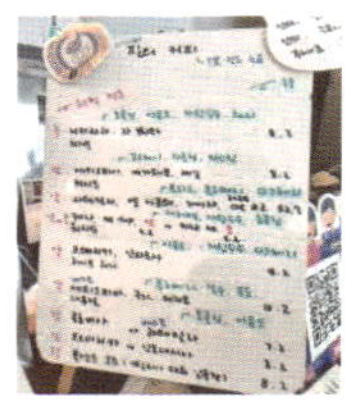

메뉴는 크게 커피, 논 커피로 구성되어 있고 커피 메뉴 중 아포가토, 핸드드립, 코코, 크리미가
시그니처 메뉴다.
커피 메뉴는 블렌드 오롯이 1110, B와 디카페인 중에서 선택할 수 있다.
필터 커피에는 다음과 같은 스페셜티 원두가 준비되어 있다. 괄호 안은 로스팅 정도를
나타낸다:
니카라과 라 보니타 워시드 (중), 에티오피아 예가체프 셰일 워시드 (약), 과테말라 엘 사포테
게이샤 2024 COE #2 (약), 케냐 AA TOP 워시드 (약), 케냐 AA (중), 코스타리카 산타 로사
화이트 허니 (중), 에티오피아 구지 케라모 내추럴 (약), 콜롬비아 (강), 과테말라 (강),
코스타리카 (강), 인도네시아 (강), 블렌드 JS (강)
매장에서 직접 구운 쿠키, 크루아상, 스콘 등이 디져트로 제공되고 있다.

.필터 커피 레시피
칼리타 드리퍼를 사용하여 원두 22g에 물 250g을 푸어링 하여 커피를 추출했다.

.필터 커피 (케냐 AA TOP)
토마토 향과 산미, 사탕수수의 몽글하면서도 자연스러운 단맛이 어우러져 산뜻하게 느껴질
즈음 블랙 티의 쌉싸름함으로 마무리된다.

.에스프레소 (오롯이 1110)
첫맛에 느껴지는 고소함 뒤에 초콜릿 쓴맛과 산미가 섞인 듯한 복합적인 플레이버로 이탈리아
에스프레소의 향기가 느껴졌다.

강원 홍천군 홍천읍 소옥개로 106 2층 몰리프 로스터리 카페
http://instagram.com/mollif_coffee

홍천읍 홍천강변 도로변 상가 2층에 '몰리프 로스터리 카페'가 위치해 있다. 문을 여니 조금은
어둑해 보이는 꽤 넓은 실내가 한눈에 들어왔다. 은은한 조명을 받고 있는 다크 그레이와 블랙
톤으로 꾸며진 실내는 매니시하면서도 강렬한 인상을 주면서 동시에 아늑한 느낌을 자아냈다.
스피커에서 흐르는 둔탁한 느낌의 음악과 반짝이는 크리스마스트리가 더해져 이미 연말
분위기였다.
'몰리프 로스터리 카페'는 커피에 진심인 분들이나 홍천 현지인들에게 커피 맛집으로 잘
알려진 곳이다. 특히 오너인 이동석 님은 로스팅(호주 AICA 포함)과 브루잉(핸드 드립)
분야에서 독보적인 수상 및 교육 경력을 가지고 있으며, 이는 원두의 특성을 완벽하게
이해하고 이를 최적의 맛으로 구현해 내는 로스팅 기술을 갖추었음을 의미한다. 다양한 취향에
맞는 에스프레소 전용 블렌딩 원두와 매달 달라지는 게이샤, 다양한 스페셜티 커피를 퀄리티
있게 제공하고 있다고 한다.

메뉴는 크게 드립, 에스프레소, 시그니처 & 크림 커피, 상하 오르가닉 아이스크림, 논 커피,
프라페 & 에이드, 티로 구성되어 있다.
에스프레소 메뉴는 블렌드인 매트 블랙, 디카페인, 루비 레드 VER 0.4, 크리스마스 중에서
원두를 선택할 수 있다.
드립 파트엔 다음과 같은 원두들이 준비되어 있다:
과테말라 엘 피날 게이샤 워시드, 에콰도르 라 노리아 게이샤 워시드, 과테말라 로스마 포조
게이샤 워시드, 에콰도르 루그마 파타 미구엘 시드라 워시드, 콜롬비아 스트로베리 허니
수프리모
디저트엔 르뱅 쿠키(마카다미아, 크랜베리, 호두), 케이크 (디카페인 커스터드 티라미수, 초코
트라이플, 치즈치즈)

.드립 커피 레시피
브루잉 머신 엑스불룸 스튜디오를 사용하여 원두 20g에 물 245g (1:12.25)을 푸어링하여
커피를 추출한다.

.필터 커피 (에콰도르 라 노리아 게이샤 워시드)
향긋한 로즈 향이 살짝 스친 뒤 샤인 머스캣에 오렌지 제스트의 약간 떫은 듯한 산미가 섞인
듯한 복합적인 맛이 났고, 신선한 바나나의 부드러운 단맛이 뒤를 이어 깨끗하면서도 무게감
있는 맛이 입안을 맴돌았다.

.호두 르뱅 쿠키
쿠키 도우 속에 초콜릿 조각과 호두 조각이 촘촘히 박혀 있어서 풍부하면서도 꽉 찬 맛을
만들었다.

부산 부산진구 동성로 59
http://www.instagram.com/hytte_roastery

부산의 카페 거리라고 할 수 있는 전포동 골목에서 나와 12분쯤 가다 보면 아파트 단지들이 늘어서 있는 지역의 대로변에 이곳이 위치해 있었고 단독 건물에 이곳의 상징이라 할 수 있는 집 모양과 'HYTTE'라고 쓰여 있는 간판이 붙어 있어서 찾던 곳임을 바로 알 수 있었다. 계단을 따라 건물 2층으로 올라가 몇몇 야외 테이블이 놓여 있는 곳을 지나 카페 안으로 들어갈 수 있었다. 노출된 천장과 흰색 배경에 벽을 따라 있는 격자무늬 창이 바로 눈에 들어왔고 답답함이 없는 개방감을 주었다. 곳곳에서 비추는 노란 불빛 아래 놓인 초록색 화분들, 나무 테이블들이 어우러진 실내는 빈티지하면서도 화사한 분위기였고 비트감 있는 음악이 이곳에 생기를 불어넣고 있었다.

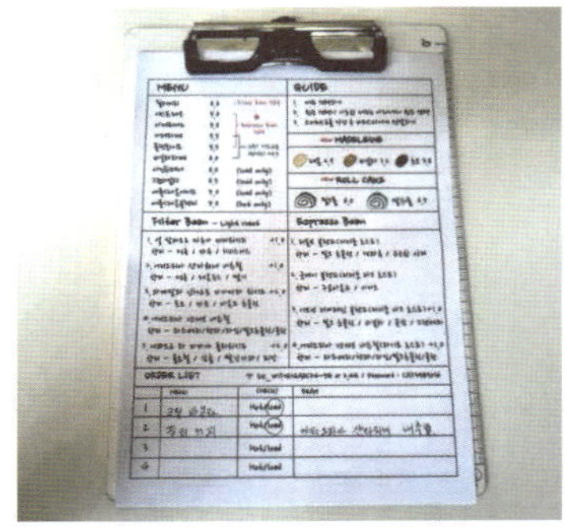

주문은 메뉴지가 끼워져 있는 메뉴판에 원하는 메뉴를 직접 써서 전달하는 방식이었다.
메뉴는 필터 커피, 에스프레소 메뉴, 그 외 음료로 구성되어 있다.
에스프레소 메뉴는 리볼보 블렌드, 굿데이 블렌드, 이브닝 디카페인 블렌드, 에티오피아 넨세보
내추럴로 총 4종의 원두 중에서 선택할 수 있다.
필터 커피는 다음과 같이 5종의 싱글 오리진 중에서 선택할 수 있다:
엘살바도르 마츄카 세미워시드, 에티오피아 샨타워네 내추럴, 과테말라 인헤르토 파카마라
워시드, 에티오피아 넨세보 내추럴, 에콰도르 라 파파야 풀리워시드
디저트로는 레몬, 바닐라, 초코 3종의 마들렌과 밀크, 말차 2종의 롤 케이크가 준비되어 있다.

.필터 커피 레시피
아이스 커피의 경우, 오리가미 드리퍼와 카펙 필터-지를 사용하여 얼음 몇 개가 들어있는
서버에 원두 15g에 물 150g을 푸어링하여 커피를 추출한 다음, 얼음이 가득 든 컵에 옮겨
담아 커피를 완성한다고 한다.

.필터 커피 (에티오피아 샨타워네 내추럴)
얼그레이 티의 쌉쌀함에 베리류의 상큼한 산미가 섞인 듯한 맛으로, 결국에는 산뜻하면서도
무게감 있는 맛으로 마무리되었다.

.크림 바닐라 (아이스)
달콤한 아이스 라테 위에 크림이 올라가 있어서 다치 녹아내리는 부드러운 바닐라
아이스크림을 먹는 맛이었다.

89 모모스커피 로스터리&커피바

부산 영도구 봉래나루로 160 모모스커피
https://www.instagram.com/momoscoffee_official

남포역에서 나와 영도대교를 지나 18분 정도 가다 보면 낡은 배들이 모여 있어 삶의 현장에 들어온 듯한 바닷가에서 무심히 밖을 바라보는 여자아이가 크게 그려져 있는 창고형 건물을 볼 수 있었는데, 이곳이 찾던 '모모스 로스터리&커피바'였다. 안으로 들어가니 약간 어둑하면서도 노란 조명이 곳곳에서 비치고 있어서 아늑해 보이는 공간에 이미 많은 손님들이 자리를 차지하고 있는 모습을 볼 수 있었다. 노출된 천장과 바닥 사이에 위치한 전면이 유리로 된 공간 안에 생두 보관실, 로스팅실 등이 차례대로 위치해 있었고, 그 앞에 흰색으로 된 긴 바, 그 앞에 나무로 된 테이블들이 놓여 있는 구조였으며, 인더스트리얼 풍이면서도 모던함을 동시에 갖고 있는 느낌이었다. 테이블과 의자들이 마치 관람석처럼 바닷가를 향해 놓여 있는 것이 눈에 들어왔고, 높이가 높은 큰 정문 사이로 보이는 바닷가 정경은 힐링으로 다가왔다. 모모스커피의 유일한 로스터리 앤 커피바로, 부산 영도에 위치해 있으며, 엄선한 스페셜티 커피와 정성껏 만든 베이커리를 제공한다. 부산역과 부산항 국제여객터미널에서 가깝고, 대중교통과 택시로도 편리하게 찾아올 수 있다. 이곳에서는 부산의 로컬 스페셜티 커피 문화를 경험할 수 있다.

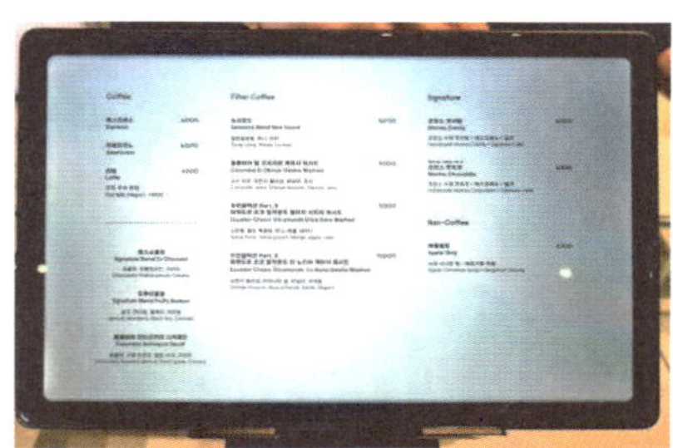

메뉴는 크게 커피, 필터 커피, 시그니처, 논 커피로 구성되어 있고, 커피 메뉴는 블렌드인 에스쇼콜라, 프루티봉봉과 콜롬비아 안티오키아 디카페인 중에서 원두를 선택할 수 있다.
필터 커피를 위해서는 다음과 같은 4종의 원두가 준비되어 있다:
뉴사운드, 콜롬비아 엘 오브라헤 게이샤 워시드, 에콰도르 초코 빌카문도 엘리자 시드라 워시드, 에콰도르 초코 빌카문도 라 노리아 게이샤 워시드.
디저트로는 피칸 타르트, 레몬 파운드, 아몬드 롤 크루아상, 갈레트 브루통, 브라우니 등이 준비되어 있다.

.필터 커피 레시피
하리오 V60 메탈 드리퍼를 사용하여 원두 17g에 물 290g (1:17.05)을 푸어링해 커피를 추출했다. 원두에 따라 추출법이 조금씩 다르다고 한다.
분쇄: 1000마이크로미터 코만단테 기준 27-30, 물 온도: 94℃, 추출 시간: 2분20~30초

.필터 커피 (에콰도르 초코 빌카밤바 엘리자 시드라 워시드)
베리 계열의 밝은 산미와 연하게 올라오는 과일 향이 조화롭게 느껴졌고, 와인의 떫은맛과 깔끔함이 뒤를 이어갔다.

.프루티봉봉 (에스프레소)
다크 초콜릿에 오렌지의 상큼함이 더해진 맛이었그, 설탕을 넣으니 맛이 더욱 선명해졌다.

전남 광양시 광양읍 희양현로 5 구루커피로스터스
https://www.instagram.com/gurucoffee_roasters

광양여고 앞 육교에 올라가니 '구루커피 바리스타학원'이라는 큰 간판이 붙은 붉은색 건물이
눈에 바로 들어왔고, 6분 정도 가다 나온 '구루커피 로스터스'는 아치형 정문을 가진 하얀색
외관을 갖고 있었다. 정문과 중문을 지나 나오는 카페 내부는 벽, 바, 테이블 등 전체적으로
화이트톤으로 인테리어 되어 있어서 마치 병원의 무균실에 들어온 듯 약간은 차가운
첫인상이었고, 청결함도 동시에 느낄 수 있었다. 스피커에서 나오는 적당한 음향의 음악은
이곳에 활기를 불어넣고 있었다.
이곳 임재홍 대표는 해운회사 선박 엔지니어에서 커피로 직업을 전환했고, 2020 KCRC(한국
커피 로스팅 챔피언십)에서 3위, 2022 골든커피어워드 하우스블렌드 부문에서 1위를 수상하는
등 실력 있는 로스터로 인정받고 있다고 한다.

메뉴는 크게 커피, 크림, 라테, 소다, 티, 블렌딩, 디저트, 드립 커피로 구성되어 있다.
고로쇠를 이용한 고로쇠 에디션이 특별 메뉴로 분리되어 있었고, 에스프레소 메뉴는 블렌드인
베리 스윗과 브라운 너츠 중에서 원두를 선택할 수 있다.
드립 커피에는 11종의 싱글 오리진 커피가 준비되어 있다:
콜롬비아 카페 그랑하 세로아줄 게이샤 하이브리드 워시드, 콜롬비아 엘 파라이소 게이샤 레트
워시드, 콜롬비아 비야라조 카스티요 블랙베리 민트, 탄자니아 아카시아 힐스 게이샤 AB
워시드, 과테말라 엘 소코로 자바 워시드, 페루 에미질리오 에레라 라파엘 게이샤 워시드,
콜롬비아 라스 플로레스 아세베도 핑크버번 워시드, 에콰도르 핀카 크루즈 로마 게이샤
워시드, 에티오피아 시다마 아르베고나 루무다모 G1 워시드, 케냐 니에리 레드마운틴 AA,
과테말라 엘 소코로 마라 카투라 워시드.
다양한 소금빵, 쿠키, 크로플, 아이스크림이 디저트로 준비되어 있다.

.드립 커피 레시피
하리오 V60 드리퍼를 사용하여 원두 15g에 물 240g (1:16)을 푸어링하여 커피를 추출한다.
원두 특성에 따라 레시피가 조금씩 바뀌고 있다고 한다.

드립 커피에 선택한 원두 '탄자니아 아카시아 힐스 게이샤 AB 워시드'는 다른 원두들보다
크기가 작았고 센터 컷이 유난히 밝아 보였는데, 워시드이기 때문이라는 직원의 설명이
있었다.

.드립 커피 (탄자니아 아카시아 힐스 게이샤 AB 워시드)
산뜻한 베리류의 산미와 베르가못 허브 쌉쌀한 향미가 어우러져 밝게 느껴질 즈음 피치의
몽글함이 신선한 단맛에 싸여 무게감을 더해 주었다.

.더치고로쇠
이곳에서 추출한 더치커피에 고로쇠 액의 단맛이 더해져서 자연스러운 단맛이 좋은 순한
커피였다.

.알프스 소금빵
풍부한 버터의 풍미에 짭짤한 소금 알갱이가 씹히는 쫄깃한 식감의 빵이었다.

충남 천안시 동남구 목천읍 종합휴양지로 77 프리퍼팩토리
https://www.instagram.com/prefer_factory

차로 독립기념관에서 6분, 천안 예술의 전당에서 2분 정도 가다 보면 새로 닦인 도로변에
위치한 '프리퍼팩토리'를 볼 수 있다. 단아해 보이는 붉은 벽돌 2층 건물과 그 앞에 열 대 정도
주차할 수 있는 주차장이 눈에 들어왔는데 전원형 대형 카페의 모습은 아니었고 적당한
규모로 정겨움이 느껴지는 카페였다. 문을 열고 들어가니 앞에 여러 개의 등으로 집중 조명을
받고 있는 빵 진열대가 바로 보였고 그 뒤에 놓인 회색과 검은색 계열의 바와 배경이 된 붉은
벽돌 벽의 조화는 차분한 느낌과 함께 안정감을 주고 있었다. 1층에서 주문한 음료와 빵은
2층과 루프탑에서 먹을 수 있는 구조였다. 주문한 음료를 들고 2층으로 올라가니 외벽을
타고난 전면 창을 통해서 주변의 푸르름이 한껏 들어와서 개방감을 주었고 천장에서 돌아가고
있는 실링팬들, 스피커에서 흘러나오는 피아노 재즈 음률이 이곳에 쾌적함을 더해주었다.
프리퍼커피(Prefercoffee)는 국가대표 바리스타 우상은이 설립한 로스팅 전문 회사라고 한다.

메뉴는 크게 프리퍼 스페셜, 커피, 보틀, 아더즈, 에이드, 스무디, 티로 구성되어 있다. 다양한
시그니처 커피 메뉴가 들어 있는 프리퍼 스페셜이 눈에 들어왔다.
브루잉 커피를 위한 메뉴판은 따로 준비되어 있고 원두들은 다음과 같다:
과테말라 아구아 티비아 게이샤, 코스타리카 베르데 알토 라 몬타냐, 에티오피아 시다모 벤사
봄베 에이미, 콜롬비아 파라이소92 크랜베리 주스 디카페인, 파나마 핀카 데보라 애프터
글로우, 파나마 아부 게이샤 내추럴, 파나마 엘리다 에스테이트 팔다, 파나마 에스메랄다
스페셜 폰다도르, 파나마 하트만 게이샤 내추럴, 파나마 에스메랄다 프라이빗 컬렉션 자라밀로.

오전 9시부터 오후 2시까지 프리퍼 브런치 세트를 2,000원 할인된 가격에 주문할 수 있고,
이곳에서 직접 베이킹한 다양한 종류의 빵들과 케이크들이 준비되어 있다.

.브루잉 커피 레시피
핫 커피의 경우, 하리오 V60 메탈 드리퍼를 사용하여 원두 22g에 40g, 100g, 40g 순으로 총
180g을 푸어링한 다음 100g을 가수하여 커피를 완성했다.

.브루잉 커피 (에티오피아 시다모 벤사 봄베 에이미)
재스민 향이 맛의 길을 연 다음에 자몽의 쌉쌀한 산미와 황설탕을 끓인 듯한 진득한 단맛이
어우러져 깔끔한 맛의 커피를 완성했다. 따뜻한 자몽차를 마시는 느낌이었다.

.동키 모카
처음 두 모금은 그냥 마시고 그다음은 스트로로 마시라는 직원분의 설명대로 마셔 보았다.
부드러우면서도 밀도감 있는 토피넛 크림이 느껴지고 나서 부드러운 모카 라떼가 입안으로
들어와 조화로우면서도 달콤한 맛의 향연을 펼치고 있었다.

.크루아상 샌드위치
바삭한 크루아상 안에 양상추, 토마토, 달걀, 베이컨, 치즈가 머스터드 소스와 만나
맛있으면서도 든든한 한 끼가 되었다.

충남 천안시 서북구 서부대로 471-8
http://www.instagram.com/abyssinia_coffee

천안시 아파트 단지가 밀집한 쌍용동의 또 다른 지역에서 이곳을 볼 수 있었다. 언덕배기에 위치한 이곳은 주차장을 갖춘 단독 건물 형태로, 입구로 다가갈수록 뚜렷이 쓰여 있는 'ABBYSINIA 아비시니아'라는 문구를 볼 수 있었다. 문을 열고 들어가니 긴 직사각형의 꽤 넓은 공간이 나타났고, 눈발이 날리는 좋지 않은 날씨임에도 곳곳에 삼삼오오 손님들이 모여 있는 모습들이 이곳이 맛집이라고 말해주고 있었다. 블랙 천장, 노출된 시멘트 바닥을 배경으로 묵직한 원목 테이블과 의자들 외에 몇몇 소파들이 놓여 있었고, 크고 작은 여러 등에서 나온 노란 불빛들이 실내를 비추고 있어서 아늑하면서도 따뜻한 분위기를 만들고 있었다.
스피커에서 나오는 편안한 느낌의 팝송은 이곳을 한층 더 힐링의 장소로 만들고 있는 듯했다. 직접로스팅한 다양한 원두를 입맛에 맞게 선택가능한 블렌드 커피, 핸드드립과 함께 다양한 디저트 주문이 가능하다.

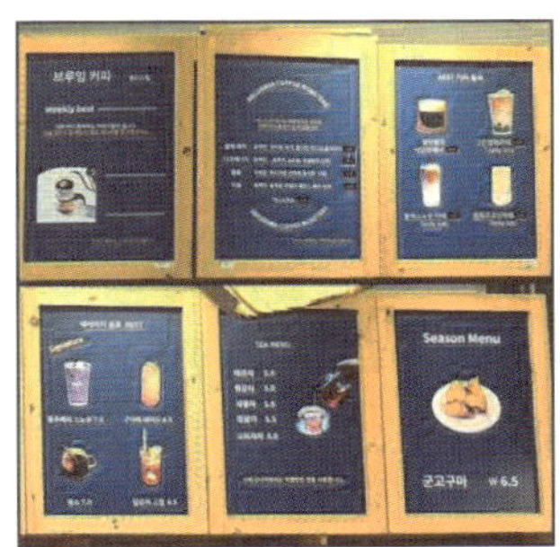 

메뉴판은 브루잉 커피, 베스트 커피 음료, 베버리지 음료, 베스트, 티 메뉴, 시즌 메뉴
카테고리로 나뉘어 있었다. 아메리카노 관련 음료는 강배전 '블랙 해머', 중배전 '다크 에너지',
'악숨', 약배전 '붐붐' 블렌드 중에서 선택할 수 있다.
이곳은 스페셜티 전문 로스터리 하우스로, 매장에서 제공하는 모든 원두는 커피 감별사
Q-grader가 직접 선발한 상위 1% 스페셜티 등급만을 사용하여 좋은 커피가 가진 다채로운
맛을 느낄 수 있도록 노력하고 있다는 문구를 메뉴판에서 볼 수 있었다.
브루잉 커피를 위해서는 다음과 같은 원두들이 준비되어 있다:
케냐 AA TOP 키운유, 에티오피아 시다모 물루게타 문타샤, 온두라스 엘 마난티알, 과테말라
라구나 데 아야르자, 붐붐, 악숨, 다크 에너지, 블랙 해머, 디카페인.

잠봉뵈르, 브런치, 와플, 브라우니 등의 독립된 메뉴판이 구성되어 있는 것을 볼 수 있었다.
실내에 들어서자마자 바로 눈에 띄었던 테이블에는 베이글, 마들렌, 쿠키, 휘낭시에, 스콘 등이
놓여 있었고, 냉장고에는 조각 케이크들과 더치 커피, 콜드 브루 등이 들어있었다.

.브루잉 커피 레시피
칼리타 웨이브 드리퍼를 사용하여 원두 20g에 3호에 걸쳐 물 180g을 푸어링하여 커피를
추출한 후, 50g을 가수하여 완성한다.

.브루잉 커피 (과테말라 라구나 데 아야르자)
초콜릿 향과 쌉쌀한 자몽의 산미가 진하면서도 상큼한 과일의 단맛과 어울려 조화로운 맛을
이루었으며, 이어지는 풍부한 과즙으로 마무리되었다.

.악숨 (에스프레소)
밀크와 다크 초콜릿을 섞어 만든 음료에 과즙을 넣은 듯한 조화로운 맛이었다.
Kenya AA, Colombia, El Salvador, Brazil 외 1종

.누네띠네 스콘
버터 풍미가 좋은 부드러운 스콘 위에 바삭한 누네띠네 아이싱을 얹어 담백하면서도
고급스러운 맛이었다.

브루잉 커피와 카페 투어 2

1판 1쇄 발행 2026년 4월 6일

지은이 차민영

편집 이새희
마케팅 • 지원 조아라

펴낸곳 (주)하움출판사   펴낸이 문현광

이메일 haum1000@naver.com   홈페이지 haum.kr
블로그 blog.naver.com/haum1000   인스타 @haum1007

ISBN 979-11-7374-386-3 (03980)